商业新闻出版公司和轻松读文化事业有限公司提供内容支持

硬目标
心想事成的秘密

轻松读大师项目部　编

中国盲文出版社

图书在版编目（CIP）数据

硬目标：心想事成的秘密：大字版/ 轻松读大师项目部
编. —北京：中国盲文出版社，2017.4

ISBN 978－7－5002－7853－5

Ⅰ．①硬…　Ⅱ．①轻…　Ⅲ．①成功心理－通俗读物
Ⅳ．①B848.4－49

中国版本图书馆 CIP 数据核字（2017）第 084593 号

本书由轻松读文化事业有限公司授权出版

硬目标：心想事成的秘密

编　　者：轻松读大师项目部
出版发行：中国盲文出版社
社　　址：北京市西城区太平街甲 6 号
邮政编码：100050
印　　刷：北京汇林印务有限公司
经　　销：新华书店
开　　本：787×1092　1/16
字　　数：80 千字
印　　张：13.25
版　　次：2017 年 4 月第 1 版　2017 年 6 月第 1 次印刷
书　　号：ISBN 978－7－5002－7853－5/B・337
定　　价：45.00
销售热线：(010) 83190297　83190289　83190292

出版前言

　　数字文明为我们求知问道、拓展格局带来空前便利，同时也使我们深受信息过剩、知识爆炸的困扰。面对海量信息，闭目塞听、望洋兴叹固非良策，不分主次、照单全收更无可能。时代快速变化，竞争不断升级，要想克服本领恐慌，防止无知而盲、少知而迷，需尽可能将主流社会的最新智力成果内化于心、外化于行，如此才能更好地顺应时代，提高成功概率。为使读者精准快速地把握分散在万千书卷中的新理念、新策略、新创意、新方法，我们组织编写了这套《好书精读丛书》。

　　这套书旨在帮助读者提高阅读质量和效率。我们依托海内外相关知识服务机构十多年的持续积累，博观约取，从经济管理、创业创新、投资理财、营销创意、人际沟通、名企分析等方面选取数百种与时俱进又经世致用的好书分类整合，凝练出版。它们或传播现代经管新知，或讲授实用营销技巧，或聚焦创新创业，或分析成功者要素组合，真知云集，灼见荟萃。期待这些凝聚着当代经济社会管理创新创意亮点的好书，能为提升您的学识见解和能力建设提供优质有效便捷的阅读资源。

聚焦对最新知识的深度加工和闪光点提炼是这套书的突出特点。每本书集中解读4种主题相关的代表性好书，以"要点整理""5分钟摘要""主题看板""关键词解读""轻松读大师"等栏目精炼呈现各书核心观点，崇真尚实，化繁为简，您可利用各种碎片化时间在赏心悦目中取其精髓。常读常新，明辨笃行，您一定会悟得更深更透，做得更好更快。

好书不厌百回读，熟读深思子自知。作为精准知识服务的一次尝试，我们期待能帮您开启高效率的阅读。让我们一起成长和超越！

目 录

要有更大的成就，就需要养成设定硬目标的习惯——由衷的、生动的、必要的、困难的目标。当你在情感上与目标紧紧相连，当你可以具体地看到并且感受到目标，当目标实现与你的生存息息相关，且挑战你的极限时，你的大脑就会惊醒过来，神经也会亮起来，从而对目标给予更多的关注和投入，而这就是伟大成功者的特质，它可以帮助你实现长期成长和进步。

信念是宇宙中最强大的力量。励志语录是指为了实现人生的理想而反复诵读的一些信念，伴随着这些信念的潜意识化，与我们融为一体，即能带来实质的功效。每个人都可以通过一套甄选的励志语录引领自己追求理想，掌握人生。只要我们愿意付出代价，"念念不忘"自己的语录，就能生出力量，缔造生命的巅峰，最终实现心中的目标。

　　对个人与组织来说，有一个简单但力量强大的成功原则：你持有的每个想法，你所说的每句话，你所做的每件事，不论大小都会产生后续影响。在你追求卓越的道路上，它们会成为你的推动器或绊脚石。因此，每件事都重要！这是卓越的黄金原则。每个人把每件事做好，结果自然就好。此原则涉及事业策略、人生策略和普遍概念。

影响我们做出明智决策的四大偏见是：思维狭隘、证实倾向、短期情绪和过度自信。要走出决策的心理误区，就要善用做出更优选择的新策略和实用性工具，即"四步决断法"：拓宽选择空间，把假设放到现实中检验，决策前留出一段距离来考虑，做好出错的准备。

硬目标

心想事成的 4 个秘密

Hard Goals

The Secret of Getting From
Where You Are to Where You Want To Be

·❧ 原著作者简介 ❧·

马克·墨菲（Mark Murphy），领导智商公司创办人兼 CEO。领导智商是一家领导培训服务公司，曾进行过多次大规模且覆盖全面的领导力调查，研究成果受到微软、IBM、万事达卡、第一能源等大型公司的推崇和引用。墨菲的文章曾发表于《财富》《福布斯》《美国商业周刊》《华盛顿邮报》等著名商业报刊。墨菲同时也是一位经验丰富的演说家，曾在哈佛商学院、耶鲁大学、罗切斯特大学和佛罗里达大学发表过演说。著作包括《带人，不能只靠加薪》和《留住员工的七宗死罪》等。

本文编译：乐为良

主要内容

成就大事的科学

　　人们常给自己设定目标，但大部分目标不是没实现就是被搁置。这么多挑战摆在面前，我们总是需要有更多一点成就。想有更大的成就，就要养成替自己设定硬目标的习惯——那种由衷的、生动的、必要的、困难的目标。

　　为什么有些人成就非凡，有些人却似乎空转一生而一事无成？你分析了成就大事之道后就会发现，立大业者往往先替自己订下硬目标〔HARD Goals，4个字母分别代表由衷的（Heartfelt）、生动的（Animated）、必要的（Required）及困难的（Difficult）〕，然后再出外闯荡，用热情和激情努力实现目标。就是这些硬目标的设定和完成，促成了他们的成就。

目前人在何处　　硬目标　　未来想到哪里

H —— 由衷的
A —— 生动的
R —— 必要的
D —— 困难的

一 由衷的硬目标

如果你不是真的在乎你的目标，就不会有足够动机去实现它。要想有更大的成就，请务必去追求你最强烈的渴望。硬目标不是那种"有也不错，没有也行"的东西。硬目标必须是那种比起任何其他目标，都让你觉得更有价值的东西，因此，你不会让任何事情阻碍它的实现。

为什么在乎
这个目标？

要追求更大成就，第一件事就是回答这个问题。如果你的目标是基于下述答案而存在，就算有这样的目标也无济于事：

◎ 我的上司觉得做成这件事很重要。

◎ 我订下这个目标是因为我不得不。

◎ 我的医生、配偶、董事长说值得去做。

要设定一个能让你往前迈进的目标，上述答案都不可能做到。你必须设定一个由衷想要的目标。实际上，只有 3 种方式可以促成这种目标的形成：

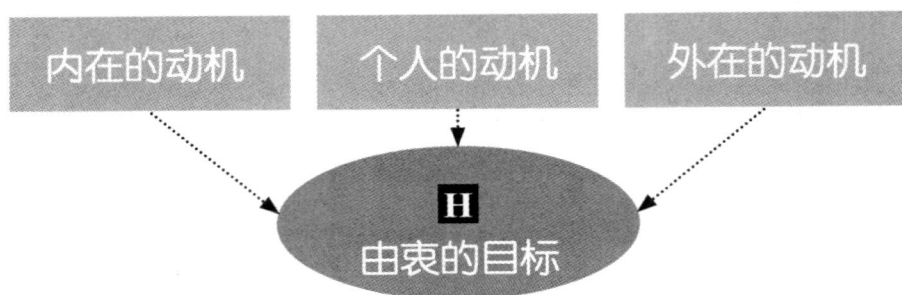

| 内在的动机 | 个人的动机 | 外在的动机 |

H
由衷的目标

（1）内在的动机——如果你在做自己真正喜欢的事，就会更有动力。如果目标涉及你平常有空就欣然去做的事——不管是否有人会以某些方式施压或奖励你，那么你就有真正的内在动机，这样就太好了。如果你热爱所做的事，就更容易使出全力。关键在于认清自己的阻力和助力。

每个人都有阻力和助力。阻力能拖垮你，让你耗尽心力，而助力能激励你，让你感到满足，并想全力以赴。阻力和助力不是一体两面，但要增强你的内在动机，则必须增加目标的助力，同时减少你认为的阻力。只要认清你个人的阻力和助力，便能在日常例行工作中增加更多助力。一些值得思考的问题包括：

◎ 说说最近一次让你觉得灰心的事，这背后是什么样的阻力让你筋疲力尽？

◎ 形容一下踌躇满志的时刻，背后的助力是什么？

（2）个人的动机——如果你和目标之间有深刻的个人因素，就会更有动机。例如，如果你订下一个硬目标，向无力自救的穷人提供具体帮助，这样的善举就会使你得到心灵上的鼓舞，助你克服任何可能出现的负面想法。如果你与目标的受益人感情深厚，就更容易实现目标，动机也会更强大。要把硬目标当作个人的事，就得：

◎ 个别化——去结识一个具体的受益人。正如特蕾莎修女所说："假如我看到的是一群人，我不会采取任何行动；假如我看到的是一个人，我就会。"去结识一个将因你的行为受益的人，通常会比帮助一群没见过的人，让你觉得更有动机。许多慈善机构使用这种方法，有效地让人们施予更多。不提捐款会养活多少人，而是告知受助者的个人概况。捐助者看到个别对象时的反应和看到一大群无名氏时的反应大不相同。研究甚至显示，捐助者在知晓特定受益人时的捐款，比起单纯为了增长捐款数字时多出 1 倍。

◎个人化——让自己成为目标达成的受益人。实现目标，不仅仅是为了赚更多钱这样简单。让目标与你个人息息相关，而不只是一个符合财务报表的完美数字。一流公司总是想方设法制造个人因素，你也得用同样的方法处理你的硬目标。长年绩效卓越的公司也是这么做，他们把带给客户价值看得比自己还重要，绝不会牺牲客户利益来提高短期的股东价值。

（3）外在的动机——寻找任何可以让你对硬目标更有动机的东西。外在奖励当然算一个。如果使用得当，它们可以促使你开始着手硬目标。例如，只要金钱奖励安排妥当，奖励与活动相符，并且对付出的努力给予了同等的回报，它就有效。有时，甚至在每个人都顺利通过挑战后，再来点有趣的奖励，也有异常的激励作用。要使外在奖励生效，务必要把它安排妥当。你不能对严肃的任务回以趣味性的奖励，反之亦然。例如，为了激励大家为争取公司生存而努力，就不能以办一次公司野餐了事。给个微不足道的外在奖励不会有太大的用处，也不会产生任何激励。反之，如果公司完成资产重组，并在第一年完成销售目标，结果发放了25％的额外津贴，这样的大手笔会使更多人受到激励并投入必要的努力。

重点是，在设定硬目标时，你可以随心所欲，任意搭配这些奖励。没有任何内在的、个人的或外在的动机天生就是"对"或"错"。这3种动机各有所长。应该混用这3种动机，形成有效的奖励组合，让你能够立刻努力去实现你的硬目标。

努力赚钱或抢攻更大市场占有率，这听起来的确很激励人心。太多的公司管理层理所当然地以为，只要提供给员工更多钱，就能让员工以目标为己任。或许有股票选择权的高层主管吃这一套，能以此激励自己，但身处第一线的人员需要的不仅是钱。经验显示，只以金钱作激励的公司，绩效不会比与顾客建立更深情感联系的竞争对手好。

关于确定由衷的目标，谷歌是完美做到且完全不提钱的优秀案例。谷歌有套企业哲学，其中包括一份"10件我们信以为真的事"清单。清单上的第1条就是：以用户为核心，其他一切自然就绪。

虽然很多公司主张客户优先，但很少有公司能抗拒"做些小牺牲来提高股东价值"的诱惑。谷歌自成立以来，一直拒绝去做对用户没有好处的改变，始终坚持：

◎ 使用界面简单明了。

◎ 页面瞬间下载。

◎ 搜索结果的排序从不以金钱论"先后"。

◎ 谷歌网站上的广告，必须提供相关内容，而不是造成用户的分心。

从你现在所处的位置到你未来想去的地方，要跨出这其间的第一步，就得先确保你的目标是真的发自内心。最直接的检验方法就是，这个目标是你想做而不是你觉得非做不可的事。如果加进足够的诱因后——内在的、个人的和外在的都行，你能对目标产生感情，你就更有力气投入其中。如果你不是真的在乎它，别人就更不可能在乎。

关键思维

开始着手实践目标时，你必须培养与目标的感情。你需要对目标有感情诉求，这样你才会有无尽的能量去追求它，无论它有多困难。

——马克·墨菲

有些公司仍然使用相当陈旧的目标设定方式，称为高明目标〔SMART Goals，5 个字母分别代表 Specific（具体的）、Measurable（可衡量的）、Achievable（可达的）、Realistic（实际的）和 Time-limited（限时的）〕。这些机械的词语不仅不带有情感，也不是由衷而发；这些具体和可衡量的目标，常刺激公司把一切目标换算成数字，扼杀所有兴奋之情。

——马克·墨菲

二　生动的硬目标

你应该保证脑海里的硬目标鲜明活跃，如果没能做到，就会觉得生命若有所失。你应该像历史伟人一样，运用视觉化和想象的技能，让目标在你的想象中成真。天才借想象力展翅高飞，你也可以。

我们对视觉刺激会有反应。我们对图片的印象和记忆远胜于文字。要想让视觉形象在实现目标上出力献策，就必须把目标转换成一些栩栩如生和引人入胜的心智图像，换句话说就是你必须让你的目标视觉化。把想法转换成鲜明的图像也是一些历史伟人的"秘诀"，如果你养成这种习惯，你的公司就会变得特别优秀。

关键思维

我有一套方法，至今依然在用。当有人向我解释我想了解的东西时，我会不断想出范例来"迎合"。例如，数学家们在想出了了不起的定理时，总是非常兴奋。在他们试着告诉我这项定理的各种条件时，我会在脑子里构建符合所有条件的东西：你知道，你有1个集合（1颗球），不相交的集合（2颗球）。然后，随着他们加入更多条件，我脑中的球开始有了颜色、长毛，或出现其他怪模样。最后，他们提出定理，却是与我那颗绿色毛球不符的蠢事，于是我便脱口而出："推理不对！"而我的猜测多半都是对的。

——理查德·费曼

物理学家，1965年诺贝尔物理学奖得主

在纸上画草图前，我心里已有大致构想。我在脑海里改变结构，做出改进，甚至操作这项装置。不用画草图，我就可以把所有零件的规格提供给工匠。当所有零件完成后，每个零件都会配合得刚刚好，就好像我真的设计过、画过图一般。

——尼古拉·特斯拉
塞尔维亚裔美籍发明家

要让目标生动，你要学学马丁·路德·金。当他站在林肯纪念堂的台阶上，他没有说："我设想未来，美国的种族关系将年年稳定进展。"反之，他打造了一个生动的意象，至今余音缭绕："我梦想有一天，在佐治亚的红山上，昔日奴隶的儿子将能够和昔日奴隶主的儿子坐在一起，共叙兄弟情谊。"同理，约翰·肯尼迪总统也没有在 1961 年的演说中，提到美国应该加紧赢得与苏联的太空竞赛。反之，肯尼迪总统宣告："我相信美国应致力完成此目标，在 10 年内，让人类登上月球并安全返回地球。"历史上所有伟大的政治家都是绘声绘色的演说家，他们借此为他们的目标营造气势和激情。

那么，你要如何让自己的硬目标生动起来？

①	②	③
打造意象	以精密的细节让意象生动	写下你的想象

◎ 首先，在心中形成意象，想象实现目标的感觉。它必须非常清晰且真实，就好像已经实现了一般。

◎ 然后活化你的意象。如果你的目标是跑完马拉松，就想象汗流浃背的你越过终点线，拥抱自己孩子的景象；如果你的目标是职位升迁，就想象被告知升迁后，在楼梯间偷偷跳跃的喜悦时刻。从自己的视角注入细节，让目标在心中鲜活生动起来。

◎ 内心有了具体图像后，你得把它们写下来。巨细靡遗地写在纸上，以便存储你的意象供将来使用，同时也把你所写的内容印入脑海里。在审视心中的意象，并把其写在纸上时，要衡量它们的大小并确认相互之间的空间关系，你也相当于进行了一趟紧张的认知过程。实际上，你通过写下它们强化了你所打造的意象。

当然，要将大多数业务目标变成生动的意象不是一件容易的事，但仍然可以做到。在这方面做得非常成功的典范包括：

◎苹果公司的史蒂夫·乔布斯——他推出iPod，就像把"1000首歌曲放在口袋里"。同样，当苹果公司推出 MacBook Air 时，乔布斯称它是"世界上最薄的笔记本"。

◎谷歌创始人谢尔盖·布林和拉里·佩奇——他们走进红杉资本创投公司，找寻创业资金时，他们说谷歌的目标是"点一下鼠标就能找到全球资讯"。

◎星巴克创始人霍华德·舒尔茨——他形容星巴克的目标是"打造一个区别于家和工作场所的第三个空间"。

你可能会说这些人之所以有条件这么做，是因为他们推出的东西很了不起，很容易就伟大的目标找到视觉意象。事实上，只要循着一套系统有序操作，任何业务目标都可以形成生动的意象。你可以从 9 个方面着手，加入在你看来栩栩如生的细节，使业务目标生动化。这 9 个方面分别是：

（1）大小——在你脑海浮现的画面中，这件事有多大规模？是"比 iPad 更好的发明"还是"可以与 Kindle 一较高低"？你想出的尖端电动车，大小如同通用的 Lumina 还是福特的 Explorer 呢？你想用奖金购入的海边别墅是小而舒适还是大而豪华？

（2）颜色——从你的意象里仔细找出颜色。如果你想减重，就想象在甩掉所有赘肉后晒出很棒的肤色，因为那时的你可以穿泳装在海滩消磨时间，或想象海边新房外的海水有多蓝。颜色可以挑起各种有用的情绪和想法。

（3）形状——识别你可以在意象中看到的各种形状。设想自己拿起东西并去感觉。它们是粗糙还是光滑？是重还是轻？如果你的意象是开发一种新用品，就想象上市后，顾客在商店柜台拿起它的画面。如果你的目标是要变得更井然有序，就想象用手滑过整洁桌面的感觉。

（4）特定片段——想象如何组合特定片段，才能实现你的目标。假设你的目标是加薪，就想象你改变工作日程，利用周末花更多时间处理一些重要项目的片段。然后想象你的项目开花结果，销量节节攀升。接着老板约见你并与你讨论成果，随后你便拿到红利奖金。然后想象和家人一起庆祝的画面等等。

（5）环境——当硬目标实现时，你人在哪里？那是什么感觉——轻松、欢欣或害怕？还有谁会在里面？想象你会在哪里，正在做什么事。

（6）背景——描述目标实现时，周遭发生的事情。也许你的成就不像是真的，除非有人为你欢呼，肯定你的所为。把它加入你的意象，因为它会帮助你看清楚你的当务之急——得先做到什么。

（7）灯光——描述目标实现时的灯光。灯光会影响情绪和能量。并不是所有事情都需要在明亮的灯光下发生。如果你的目标是在蒙特卡洛从事夜间滑雪，那么想象艳阳下的快艇一点帮助也没有。

（8）情绪——描述梦想成真的感觉。谁会在现场，他们有何反应？想象现场出现的面部表情、肢体语言和其他。

（9）行动——梦想成真后你会做什么？把它清楚地描述出来。如果你的目标是妥善安排退休计划，那么你可以想象自己能多睡会儿，因为你诸事顺利，可以高枕无忧。

上述各方面并不完全适用于你心中的每个业务目标，所以不必样样深究。相较之下，这9个方面更能提醒你可以在枯燥乏味的业务目标里加进一些有用的意象。不可否认的是，我们人类天生对意象的反应要灵敏于文字。尽你所能在业务目标中加进生动的图像，它们不仅会变得更加真实，其实现机会也会大大增加。

关键思维

任何目标实现的最大障碍是缺乏视觉刺激。我们是有视觉和感观的人类，我们的大脑记忆图片的能力强过文字。那么，为什么不好好利用图片呢？从当事人的角度画一张目标图，或将目标做成拼贴和愿景图，捕捉特定的元素，如大小、颜色、形状、特定片段、环境、背景、灯光、情绪与行动。再用具体文字写下目标，烙印在大脑中。我的意思并非你的硬目标都会让你变成爱因斯坦，但是只要你遵守规则，你就能像他一样进行思考，因为他曾说过："我很少用文字思考。"

——马克·墨菲

三　必要的硬目标

拖延是阻碍梦想实现的杀手。硬目标借用行为经济学之类的前沿科学来克服这种阻碍。你必须说服自己，硬目标是必要的，而非可有可无。如果希望硬目标的未来回报远远超过你现在正在经历的一切，你自然会把你的硬目标变得更有吸引力——它们愈有吸引力，你就愈感到急迫，更愿意立刻着手去做。

关键思维

"我明天开始"，这 5 个字是目标的丧钟。想想你有多少次嘴巴上说"明天"，其实真正的意思是"永远不可能"？我知道，你相信从你嘴里说出的话，"我明天开始节食"，你态度坚决，铆足百分百的劲头去投入你的目标。看起来似乎没有任何东西挡在你和明天的承诺之间。明天真的是新生的开始。但真的到了明天，你再次面临同样的决定：现在开始还是延后 1 天开始。拜托，不过就 1 天而已。说真的，再延 1 天会有多糟呢？当然，推迟 1 天不会是最糟糕的事，除非 1 天过去又是 1 天。1 天变 2 天，2 天变 3 天，3 天变成好几年。

——马克·墨菲

那么，当你想完成硬目标时，你该如何面对拖延的状况？解决之道就在数学家常用到的"贴现率"。比起未来，我们一般都重视眼前。贴现率指的就是，未来你必须拿出多少钱，才能等同于现在的价值。

计算贴现率的公式如下：

贴现率	=	年增值	/	当前价值

◎ 如果你想在 1 年后拿到 150 美元，受市场

利率影响，这 150 美元相当于今天的 100 美元，那么你的贴现率计算公式为：

贴现率＝＄50/＄100＝50％

◎ 如果你准备放弃今天就能拿到的 100 美元，而选择 1 年后拿到 120 美元，那么你的贴现率是：

贴现率＝＄20/＄100＝20％

◎ 如果你不得已必须放弃今天的 100 美元，又不得不用 1 年时间拿到 180 美元，那么你的贴现率是：

贴现率＝＄80/＄100＝80％

对于怎样的贴现率适用在你身上，没有绝对正确或错误的答案。要视你的财务状况、你现在需要金钱的用途（经济学家称之为"机会成本"）、你认为涉及的风险、你对未来的期望等等而定。考虑所有这些因素后，你一定要意识到，未来的支付必定高于今天的支付。或换种方式说，贴现率很少会是零，一定会高于这个数字。

理解贴现率的概念后，才有可能说服大脑对付拖延。就实际而言，你必须替硬目标营造强大的急迫感。有 6 个方法可以做到：

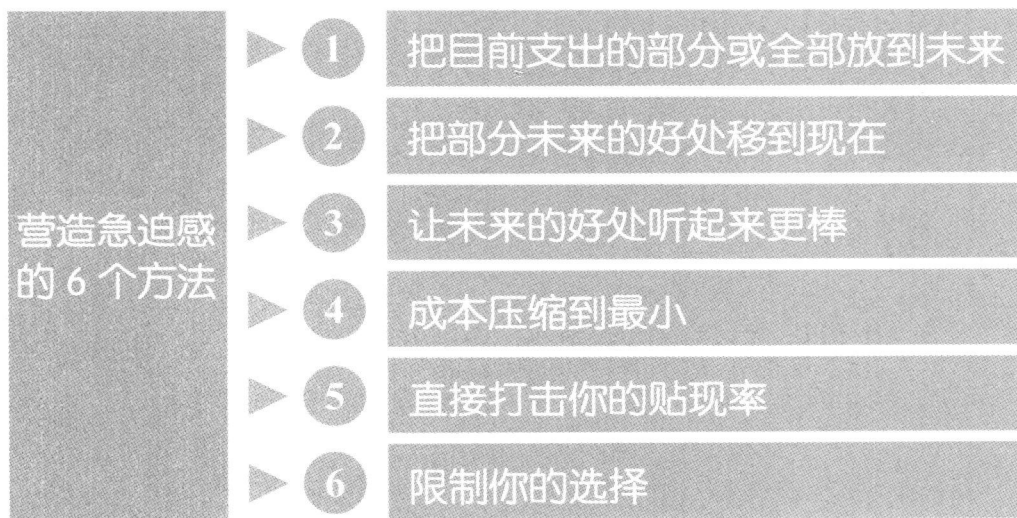

营造急迫感的6个方法		
▶	①	把目前支出的部分或全部放到未来
▶	②	把部分未来的好处移到现在
▶	③	让未来的好处听起来更棒
▶	④	成本压缩到最小
▶	⑤	直接打击你的贴现率
▶	⑥	限制你的选择

（1）把目前支出的部分或全部放到未来——可降低贴现率。例如一项叫作"为明天存更多"的创新退休储蓄计划，建议参与者要随着薪水的提高而逐步提高储蓄率。人们喜欢这种提高储蓄的方法，因为他们存的是后来增加的薪水，而不影响他们目前带回家的薪酬。要尽力实现硬目标，就试着把一些初始成本放进高贴现的未来，

让它们看起来不是那么巨大的一笔开支。

（2）把部分未来的好处移到现在——你的大脑就不会把好处打折，你的目标看起来也立刻有了吸引力。银行现在提供一种储蓄计划，把钱存入储蓄账户，每个月就能像中了大乐透一样提领现金奖励。现在就享受未来的好处，这可以大幅提高热情和动机。试着找出提前兑现一些硬目标预期利益的方法。

（3）让未来的好处听起来更棒——人们经常以具体条件看待成本，却以抽象方式看待好处。假使你是一家医院的 CEO，你想订一个硬目标："我们要打造重视病人安全的文化。"为了提高目标的认知价值，你可以这样说："我们会报告每个可能伤害病人的潜在失误，即使我们实际上并没有伤害到任何人；并且在 72 小时内，我们要从发生的每个事件中学习至少 2 个可纠正的教训；并在 96 小时内推行一个解决方案，使每位护士和医生明确知道病人安全是我们的首要任务。"

（4）成本压缩到最小——打从心底把成本当作利益。2个问题可以让你持续做到这点：

◎ 从这件事中我学到了什么？

◎ 这件事如何展现我对更大目标的承诺？

在思考如何回答这2个问题时，你可能发现你能重新把成本视作预期的利益；你正在新增知识和技能，这件事本身就很值得；你还因此具备了未来胜任更多事务的能力。愿意承担支出，也明确显示了你可以完成更大目标，你的气势因此大增。

（5）直接打击你的贴现率——降低它。你可以试着为自己做标准分析，看看是否把个人的贴现率订得太高以致无法支撑。找和自己情况类似的人谈谈，关于目标、挑战、行为等等。弄清楚他们是根据什么样的贴现率来做判断，并考虑自己是否需要调整贴现率，让它更实际并且可以持续。

（6）限制你的选择——减少与目标竞争的其他选项。虽然一般来说选择愈多愈好，但太多选择就会扰乱决策过程，让你失去焦点。有时，前进的最佳方式是少点选择，不要让大脑招架不住。缩小选择范围便能提高坚持到底的可能性，最后实现目标。如果目标有完成期限更该如此——移除选项，事情就少点困扰。

在一次有趣的社会实验中，研究人员把学生分成2组。给其中一组一片基本芝士比萨，可以添加配料如蘑菇、青椒、意式辣味香肠等等，每份配料50美分。另外一组则是添加了12种配料的超级比萨，并告诉他们每少用一种配料就减50美分。添加配料者最后平均用了2.7种配料，减配料者最后每人用了5.3种配料。那么，这与设定目标有什么关系呢？如果你可以先在心理上就把目标当作自己的要事，就不会让拖延严重误事。一旦你把目标视为己任，就会积极去应对那些不想让你完成目标的事或人。

同样，如果你让目标变得生动，并在脑中形成栩栩如生的画面，你的大脑就会负起责任。你会更愿意努力实现目标，就像不喜欢拿掉比萨配料的人一样。如果你能做到，就一定能在脑海里闻、摸和品尝实现目标的感觉；接着大脑会让你保持感觉，催促你去工作。你的目标愈是生动，就会变得愈必要。

关键思维

拖延是硬目标的头号杀手。但是，这并不意味着你的目标一定会成为下个受害者。你可以使用一些技巧来改变你的看法，并提高对未来回报的重视，让它们变得比今日情形更具吸引力。你可以刻意把完成目标的一些即时成本放到未来，让成本和效益同步。或者反过来，把目标的一些未来好处移到现在。这两种方式都会让你的目标看起来更具吸引力，并能增加马上就动手去做的急迫感。一想到为了完成目标所必须牺牲的一切，就容易让人泄气。但是你可以克服这种消极情绪，拿出另一份清单——细述目标可以大幅改善生活的具体方式。要不要直接攻击你贴现未来的价值？不妨先做一下标准分析，你便能更准确地重新计算贴现率，从而让你更容易着手开始眼前的目标。此外，限制你的选择，也能让你更容易选定目标。

——马克·墨菲

四　困难的硬目标

提到困难度，有个明确的甜蜜点可以作为标的。你可能想定下一个非常困难的目标，迫使自己竭尽全力，获得成就感。另一方面，你可能也不想把目标设定得太高，以免自己连试都不想试。你该做的是根据过去的经验，评估自己的能力，找到目标设定的甜蜜点，然后依据这个甜蜜点设定目标，实现你想要的璀璨成就。

回顾自己的工作和私人生活，你最自豪的是哪些成就？答案因人而异，只有你自己能够回答。在你开始这种练习前，先停下来问自己几个关键问题：

◎我最自豪的成就是容易实现还是很难实现？

◎我必须使出全力还是轻而易举就做到了？

◎当我刚开始着手这些目标时，是已经掌握了需要的一切，还是在进行中不断学习新技术和新能力？

◎当我刚开始追求这些目标时，我是很紧张还是信心十足？

◎整个过程中，我是一直很轻松，还是必须使出浑身解数、发挥全部潜力？

作为芸芸众生中的一员，毫无疑问，你在个人生活或工作上最自豪的事是不易完成的，需要付出很大的努力，被迫学习新事物，而且多数时候都在担心能否最终实现目标。只有硬目标才能带给你真正的成就感，它们必须是困难的。它们必须让你挖掘存于自身，但仍需要努力激发的无穷可能性。困难是硬目标不可或缺的重要成分。

人类天性喜欢克服困难。历史长河中留下了一个个英雄名字：托马斯·杰斐逊、亚伯拉罕·

林肯、约翰·肯尼迪、甘地、特雷莎……他们为国家和人民做出贡献。他们推倒了过去被视为理所当然的藩篱，完成了特别困难的目标。他们都是鼓舞人心的典范。如果我们没实现困难目标，那是因为缺乏动机而不是天性不足。

人们很容易臆断成就高者更聪明、更有能力、更有教养，并有更健全的体制支持，但事实并非如此——研究显示，高成就者不一定比一般人更有天分。他们只是更为主动、更加努力，也比一般人更为专注。不论分析什么个案，结果无不显示态度比资质重要。各领域中的风骚者之所以有其地位，是因为其严格的职业道德，以及投入足够的精力所培养出的必要技能。一个人在其所处领域成为专家，成就非凡，这其中不涉及"对"或"错"的遗传。

研究显示，设定困难的目标，通常可以有较好的表现，因为：

◎困难的目标迫使你提高注意力——你必须

振作起来呈现最佳状态，而不是靠自动驾驶器，梦游一辈子。

◎ 困难的目标迫使你学习——激励你走出去，学习如何做不同的事。

◎ 困难的目标带来信心——没有人会把困难的目标交给笨蛋去执行。

◎ 困难的目标意味着你正在做的事情至关重要——你不是草草做份没人会读的报告，而是在做会带来改变的事。

◎ 困难的目标迫使你拿出看家本领——它们要你投入，用你的看家本领迎接手头上的挑战。

尽管困难的目标有诸多好处，但也很容易物极而反。如果定下实际中根本做不到的目标，就不可能激励你。因此，在设定目标时，要注意困难度的甜蜜点：

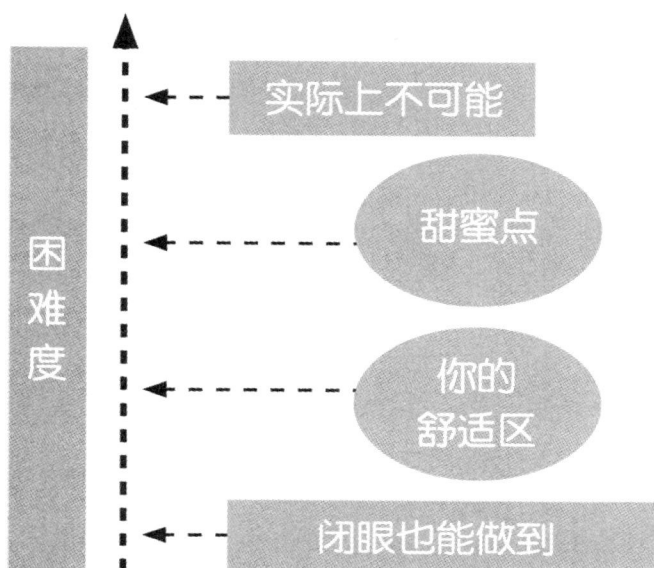

困难度

实际上不可能

甜蜜点

你的舒适区

闭眼也能做到

　　甜蜜点因人而异。有些人习惯性把目标设低，或定下毫不费力就能做到的目标。有些人则时常把目标设太高——高到离谱，因为事情显然不会发生，也就根本不想去做。你所设下的目标，必须让你挖掘平常不曾开发的潜能。换句话说，你必须把目标设在难度适中的甜蜜点，这能迫使你学习新东西，保持大脑灵活性。

　　需要注意的是，定在甜蜜点上的硬目标，就难度而言，必然位于你的个人舒适区之上。在舒适区内的目标根本不必额外费力就能实现。一旦击中那个甜蜜点，你会如坐针毡，因为你知道必须付出百分百的努力去实现它。舒适区内的目标不会给你的事业或生命带来任何改变，也不会给你带来任何成就感。如果你超出甜蜜点，设定难到荒谬的目标，当然也不会带来多大动力。最好的目标设在甜蜜点之上，困难度就在高于个人舒适区的地方。

要如何才能知道困难度恰到好处？很简单——你会被所设定的目标吓倒，你的第一个反应是撤退。硬目标往往很吓人，因为你有怕失败的恐惧。

一定程度的恐惧实际上是有益的，但过度恐惧则不然。要克服过度恐惧，以免其妨碍你设定硬目标，最好的方式是问自己一个简单的问题：

如果没有完成这个目标，最糟的结果是什么？

当你如实回答时，你会得到一份潜在的反馈清单。等你仔细分析其中每个项目，并寻找案例，看看有没有人真的因为失败而死，或遭遇你设想的其他可怕结果时，结果你会发现恐惧自动消失了。事实上，你害怕尝试困难之事，是因为你认为如果没做到，别人可能认为你软弱，你会受不了失败的打击和尴尬。实际上，你会发现许多人的艰难目标以失败告终，却仍然受到高度敬重。当你逐一拆解恐惧后，理性分析将重新回来协助你，你会觉得处理硬目标的能力也大大提升了。

经验显示，尝试硬目标没有什么好畏惧的。试着做一些比较困难的事，会建立和加强你在未来做成更困难事情的能力，而不论你第一次做成与否。诀窍是不要想太多，不要以为一次失败就会有很多可怕的后果，这绝非事实。真正的事实是人们会十分敬佩你尝试困难目标的勇气。

刚开始跨进某个领域时，设定绩效目标没有什么用处，因为你还是一个门外汉。遇此情况，你最好是设定学习目标。学习目标也可能很有难度，但它们更利于你找到立足点，便于以后处理更大的绩效目标。比如，如果你从未打过高尔夫球，就别去想什么具体表现目标，比起"下回打高尔夫，我要在 100 杆内打完"，你最好设个艰难的学习目标："我会练好上杆，并在每次挥杆时，头部放低，身体摆正。每一杆要练习 100 次，同时分析和纠正做错了什么，这样就可以掌握打高尔夫球的基本动作了。"

关键思维

尽力去做是不足以应付硬目标的。要多难才够？如果你目前的硬目标没法让你感受到成就大事的雀跃，那么就应该增加困难度。再晃一下脑袋，让它记起你是高效率的工作者，你可以有所突破，你的目标是必要的。因为你的目标愈难，它就愈有必要，你就愈可能有更好的表现。

——马克·墨菲

五　全面整合硬目标

企业界一般都认为执行比愿景重要——全力执行一个半生不熟的主意，比起困在无止境的分析中、什么事都不做要好多了。这有可能是真的。如果你渴望有一番成就，那么设定带有强大执行力的硬目标准没错。只要选对目标，执行自然就绪。这就是硬目标的威力，能帮你心想事成。

目前人在何处　硬目标　未来想到哪里

要心想事成，就要养成设定硬目标的习惯。除非你有可以激化你的大脑、触动你的心、迫使你去学习和成长的硬目标，并将其视为你生命或工作中不可或缺的东西，否则什么都不会发生。

有了硬目标后，你会冲破任何可能的障碍，让事情成真。

开始执行你的硬目标时，可以试试以下两种方法：

（1）把硬目标一分为二——为某一硬目标拟定一个实现期限，然后把时间表一分为二，自问：此刻的我必须完成什么，才会自觉跟上全面实现硬目标的进度？

先在前一半路途上努力，朝着目标理想前进。如果这么做有用，你还可以再把剩下的一半时间一分为二，并具体确定每四分之一时间段应该完成哪些事项。如果你喜欢，不妨持续这样做，直到拟出每月或每周目标。以这种倒推的方式工作，你可以把一个大的硬目标拆成清楚可识的步骤，并知道该从哪里开始。每一个步骤本身就是挑战，但给了你可供依循的时间表。

（2）给朋友打电话——找一位自己敬重的朋友并与他分享你的硬目标。向他详细解释：

由衷的：为什么你在乎这个目标。

生动的：这个目标实现时将会是什么情景。

必要的：为什么这个目标必不可少。

困难的：从这个目标中你学到了什么。

然后请他与你一起定期检查，明晰这个目标的进展情况。明确告诉对方希望他提醒你，并问你一些试探性的问题，例如：

◎ 今天你做了哪些促成目标实现的事？

◎ 描述此目标的进展情况。

◎ 你今天学到了哪些有用的东西？

找朋友相助的用意是，让你的头脑里随时盘算着硬目标。定期检查会激励你持续前进。

不需要等待，现在就是学习如何设定和完成硬目标的最好时机。你可以借用历史人物来给自己打气，看看他们设定并实现的硬目标：

◎ 亚伯拉罕·林肯："战争是为了使这个民有、民治、民享的政府不会从地球上消亡。"

◎ 罗纳德·里根："戈尔巴乔夫先生，拆掉柏林墙吧！"

◎温斯顿·丘吉尔："我们将不惜一切代价保卫本土，我们将在海滩上作战，我们将在敌人的登陆地点作战，我们将在田野和街头作战，我们将在山区作战，我们决不投降。"

也许你的硬目标没有这般宏大或影响深远，但硬目标的本质仍是你想让自己往何处去，然后努力去实现。硬目标挑战你和公司的极限，它们强迫你学习、成长并竭尽全力去追求，它们迫使你迈向从未想过的新方向。

若要心想事成并且有所成就，就不要走捷径。规划好自己的硬目标，努力去争取。

关键思维

人们经常花太多时间进行自我麻痹，让自己陷入追求平庸目标的无用功中。殊不知我们真正需要的是非凡的目标——硬目标。听好，如果我们习惯于设定薄弱的目标，那么世界上一切日常仪式都帮不了我们成就伟大事业。难道我们真的认为史蒂夫·乔布斯，或亚马逊网上书店创办人杰夫·贝佐斯，或谷歌创办人谢尔盖·布林和拉里·佩奇是通过玩弄一些小噱头来实现目标的吗？（说真的，我们之所以有 iPad，Kindle 和 Google 搜索引擎可用，是因为有人在冰箱上贴了张便条纸吗?）还是我们认为他们全心投入工作，他们的目标对他们如此重要且意义深远，以至于他们会游过鳄鱼池去实现这些目标？

——马克·墨菲

你需要的是找到方法，让目标配得上你的天赋。当你的才华遇到硬目标时，伟大必然会发生。

——马克·墨菲

在对目标的研究中，我们最重要的发现之一是，设定硬目标的满意度比设定薄弱目标高出75％。我认为现在世界上最欠缺的东西之一是硬目标。不论是个人还是集体，都不缺乏巨大的挑战。我们遭遇重大议题，如恐怖主义、战争、经济崩溃、石油泄漏、贪污、赤字、失业、医疗保健问题，外加一堆要不饿死，要不就过度肥胖的人。人类文明得以延续至今，关键之一就是每隔一段时间我们会有一位领袖知道如何设定硬目标。注意，我知道这是个令人不安的世界，但是你和我都知道，拒绝、指责、借口和焦虑都不能让世界更好。我们需要驾驭此刻的能量，尽管看似如此可怕，还是要把它化为伟大。无论是要壮大公司、减重、跑马拉松，还是要改变整个世界，我们都得"骑上"硬目标，疾速狂奔。

——马克·墨菲

成功励志语录

The Official Guide to Success

A Personal Success Program

·❦原著作者简介❦·

汤姆·霍普金斯（Tom Hopkins），销售成功者的最好例证。霍普金斯在大学只念了 90 天便辍学，之后靠在建筑工地做粗工维持生计，后来决定从事营销工作。27 岁时成功售出了多栋价值不菲的房产。其后不断创造佳绩，成为世界排名第一的营销大师，并出书分享个人的成功经验，著有《销售大师的行动手册》《销售的奥秘》等书。

本文编译：阎蕙群

主要内容

营销大师——汤姆·霍普金斯

有营销大师美誉的汤姆·霍普金斯，也曾认为自己是个失败者。霍普金斯只念了 90 天大学便辍学，接下来的 18 个月更是靠在建筑工地做粗工维持生计。尔后，霍普金斯参加了一个销售培训班，并从此踏入房地产界。霍普金斯一开始的业绩实在令人惨不忍睹，但天性乐观的他，却不因一时的失败而否定自己。例如，在一般人看来，爱迪生发明电灯泡的过程是经历了一万次失败，但对霍普金斯而言则"只是找到了 9999 种不成功的方法而已"。凭着这股锲而不舍的劲儿，在接下来的 6 个月里，霍普金斯销售出多栋价值不菲的房产，成为世界上最会卖房子的销售人员，平均每天可以卖出一幢房子，在 3 年内赚到 3000 多万美元，一举成为"房地产业务员单年内销售最多房屋"的吉尼斯世界纪录保持者，并被美国媒体评为"国际销售界的传奇冠军"。

霍普金斯 27 岁就成了千万富翁，从一贫如洗到坐拥万金只用了 10 年的时间。之后，霍普金斯开始销售他的生财之道，赢得"销售冠军缔造者"的美誉。他还曾与美国前总统布什、英国前首相撒切尔夫人等同台演讲。霍普金斯所著的销售图书被译成 11 种语言，在世界各地被奉为"销售圣经"。目前全球许多销售培训课程，都源自霍普金斯的销售培训系统。霍普金斯更被推崇为"世界最伟大的推销大师"，他的"如何把冰卖给爱斯基摩人"的故事更是脍炙人口。他每年出席 75 次全球营销研讨会，接受过他培训的学员人数超过 1000 万。

霍普金斯也曾在宝洁、迪士尼及可口可乐等国际大企业工作过，并参与了许多著名推销案的策划。例如在迪士尼，霍普金斯首创了风行全球市场的家庭录像带观念。在可口可乐，霍普金斯

则负责 1996 年亚特兰大夏季奥运会期间的全球
推销计划，当年可口可乐的这个推销计划称得上
史上仅有的、耗资最高的全球推销案例。

励志语录的基本精神

每个人都可通过一套预先编写好的励志语录，引领自己度过这一生。该怎样选择适合自己的励志语录呢？有人抱持随缘的态度，碰到什么用什么，"信手而拈来"，也有人主动为自己量身定制一份成功计划。

励志语录其实控制着我们生命的每个方面，包括我们如何思考、规划、应付发生在我们身上的事情，以及如何面对未来。

若能通过一套完善的系统，把精心挑选的励志语录深深植入心中，我们就有能力掌握未来。只要愿意付出代价，我们就一定能够达成心中的目标。

励志语录是指为了实现人生的理想而刻意反复诵读的一些信念，当这些信念从意识进入到潜意识时，就能产生实质的功效。

一般人并不会刻意选择适合的励志语录帮助自己积极度过一生；但成功的人却总能以积极正面的语录思考模式，让自己有更好的表现；成就非凡的人则更了不起，他们能以系统条理的方式主动出击，"念念不忘"自己的语录，将意识变为力量，最终实现人生的追求目标。

制作自己的励志语录

1. 扭转乾坤、转败为胜

励志语录要发挥功效，必须具备以下的特性：

（1）使用现在时的时态，生动描述你将来想要展现的人格特质。

（2）要充满正面的情绪，绝对不能带有遗憾或罪恶感的弦外之音。

（3）要积极追求更优异的表现，换言之，励志语录的内容其实就是你想要得到的结果。

关键思维

我总是一早就把最亟待完成的事情给做好，这样才不必整天挂念着这件事。

——汤姆·霍普金斯

2. 成功的金科玉律

让自己发挥极致表现的最佳办法只有两项：

（1）下定决心："只要情况允许，一定会去做最具生产力的事情。"

（2）终一生之力对上述信念奉行不渝。

成功者与失败者最大的差别在于，是否能妥善运用时间。失败者鲜少做最重要的事情，但成功者几乎都能发挥自律的精神，集中心力完成当下最重要的事情。

当然，适可而止也是有必要的。任何人不可能长期保持在最佳状态，有的时候放松一下反而才是正确的。

3. 花点时间思考什么才叫成功

成功是一段不断朝着自己认为有价值的目标无畏前进的旅程。

在打定主意愿意穷毕生之力追求成功之前，请先停下脚步，花几分钟好好想想，你认为怎样才算是成功。毕竟这个结论只有你自己能够定夺。请记住，成功并非只是终点，而是一段旅程。

4. 做事不能只靠取巧

有人说，做事要懂得用巧劲，不要埋头苦干。要小心，别被这句广受欢迎的口号给骗了。我建议，做事固然要懂得运用巧劲，但也要尽可能努力打拼，并且随时保持警醒。

5. 向成功人士讨教

只求安稳生活的老师，绝对无法教学生如何通过去闯去拼来获得成功，你应该向那些已经达到你所向往目标的成功人士讨教。虽然这可能需要花费你一些时间和精力，但绝对是值得的。

6. 掌握领导的精髓

领导的精髓是指一种能力，能让跟随者相信你比他们更善于相机行事、更有智慧，以及具备更高的道德勇气。

事实上，相机行事的能力只能经过世事的洗礼而学到，智慧要靠阅读学习来累积、靠经验来检验，道德勇气则必须通过一心一意追求永垂不朽才能增长。

7. 设定远大的目标

不要只设定触手可及的目标，目标必须远远超过你目前的能力水平，这样才能真正激发你施展全力，才能让你知道自己的潜能有多大。

8. 不要宣扬不切实际的目标

在你还没能以优异的表现建立起稳固的名声之前，千万不要到处宣扬你的目标有多么远大。

9. 打响名声

在公司里力求表现，做些前所未有、令人印象深刻的事情，如果公司高层没有注意到你的表现，就转投别家公司。

10. 好高骛远与默默耕耘

好高骛远的人总是从一个"了不起"的机会，跳到另外一个"了不起"的机会，但从未真正做好一件事情。

相反，默默耕耘的人永远紧盯住自己的目标，把全部心力都用来让自己更上一层楼。

11. 多做点事并不会吃亏

如果你永远只想着做完自己分内的工作就够了，那么任何一点小小的意外都会打乱你的计划；但如果你能够好好安排自己的作业活动，实现两倍或三倍的责任配额，那么"意外"将不足以构成"意外"。

12. 不要轻易树敌

千万别忘了，今天所树立的敌人，有朝一日说不定会掌控某些对你来说很重要的事情，所以你在全心全意追求自己的目标时，也不要妨碍别人追求他们的目标。尊重你的竞争对手，只要你是公平竞争，输的人也会心服口服。

13. 别老想着"要是……就好了"

每个人都必须承担自己生命中的所有责任，这和政府、老板或其他任何人都没有关系。除非你能够赢得世上最难欺瞒的人（也就是你自己）的敬重，否则你永远都不会感到成功和快乐。

关键思维

我愿意为自己的行为、自己的人生负完全责任，我的幸福掌握在最难能可贵的一双手中：我自己的手中。

——汤姆·霍普金斯

14. 世上最珍贵的宝物

世上最有价值的宝物就是，你认为自己在人生的这场伟大游戏中，算得上是赢家。

关键思维

我是个赢家，我是个有贡献的人，我是个有成就的人，我相信自己。

——汤姆·霍普金斯

15. 励志语录的功效

一般人并不会刻意选择合适的励志语录帮助自己积极度过一生，当然更不会懂得试着调整自己的励志语录；但成功的人却总能以积极正面的思考模式，让自己有更好的表现；成就非凡的人则更了不起，他们能以系统条理的方式主动出击，"念念不忘"并贯彻执行自己的语录，从而达成人生追求的目标。

励志语录其实就是为了实现你的理想而刻意反复诵读的一些想法，当这些想法从意识进入到潜意识时，就能产生实质的功效。

16. 用励志语录来影响他人

若想利用励志语录影响他人，不妨制订一项让对方也能参与其中并一起分享成功的励志语录，目标愈不同凡响、愈能引发斗志，效果就愈好。然后只要一有机会就提醒对方，而且要大声地说、经常地说。

17. 如何撰写励志语录

（1）花点时间认真思考，你究竟想要达成哪些目标。

（2）真心诚意地写下一项励志语录，目标是改掉你的一个坏习惯。

（3）确定励志语录写得够生动具体，而且记得要用现在时的时态，就好像你已经做到了语录的要求。

（4）翌日分早中晚三个时段，分别再把励志语录回顾复习，以提振士气。

（5）一个新习惯的养成至少需要 21 天，所以接下来的 3 个星期，你都必须遵照上述的步骤加以巩固，然后再检验一下看结果如何。

18. 利用励志语录让自己更健康

研究已经证实，励志语录会大大影响人的健康程度。试试下面的语录吧：

"我的身体非常健康，我很快乐，我热爱生命，未来是如此的美好，我绝不吃会危害身体的东西，我定期运动，每天都过着充实的生活。"

19. 平衡是力量最强大的一个词

平衡是最具威力的一个词，如果你能够在

工作与玩乐之间取得平衡，就可以让身心两方面变得更健康，并获得力量。你每天都要抽出一点时间进行工作之外的活动，这样才能让身心平衡。

20. 成功者勇敢迎击挑战，失败者选择落荒而逃

一般人面对挑战或机会时通常只有两种反应：勇敢迎战或是落荒而逃，胜利者懂得漠视别人的挑衅或激将。对不值得的事白白冒风险，最后却一无所获，那是非常不明智的行为。

关键思维

我非常尊重自己和自己的前途，所以绝不在没有意义的事情上浪费力气。如果我的重大利益受到威胁，我则会变成一个足智多谋、奋战不懈的斗士，而且我一定会赢得胜利。

——汤姆·霍普金斯

21. 如何避免让怒气冲昏头脑

化解满腔怒气的最好方法就是痛快地流汗，你不妨做一些剧烈的体能运动，直到怒气全消为止。

关键思维

我这个人一向很冷静，不会被任何事情激怒，因为我会把怒气化成汗水，排出体外。

——汤姆·霍普金斯

22. 化愤怒为力量

我们可以在下列这些特殊的场合中，以适当的愤怒影响他人：

（1）确定只有你跟对方两个人在场。

（2）你们确实需要好好讨论一下。

（3）对事不对人。

（4）不要夸大其词。

（5）问对方此事该如何解决。

（6）生气的时间愈短愈好。

（7）讨论结束时想些理由赞美对方，这样他才不会把你当成敌人。

23. 要爱惜身体

大多数的身体机能都需要适当的唤醒与休息，所以你在执行艰难的任务前要做好热身，并且避免身体过度疲劳，千万不要逞一时之快。

关键思维

我会明智地运用所有的资源，振作精神从事重要的活动，锻炼身体以应付挑战，我既不会让身体过度疲劳，也不会让自己运动不足。

——汤姆·霍普金斯

24. 源源不断地想出好点子

（1）告诉你的潜意识，你需要有好的点子。

（2）要针对目前遇上的大问题想办法，不要漫无边际。

（3）从每一个可能的角度来研究，尽可能搜集更多的背景资料。

（4）相信自己有能力提出具有原创性的想法。

（5）努力把想法化为行动，光会想是没有用的，要起而行才能成功。

关键思维

我是一个有创意的人，我有很多很棒的点子，因为我很清楚自己要什么，我让潜意识自由发挥各式各样的奇想，源源不断地想出好点子。

——汤姆·霍普金斯

25. 要能落实

在全力投入追求梦想之前，要先让梦想"落地"，保证其可行。

26. 乐在工作

许多人都梦想自己有朝一日能够发财，那时就可以无所事事却饱食终日。只要是你不愿意做、却被迫做的事情，都可以视为工作。所以如果你不想工作，不妨试试以下两种方法：

（1）改变你的态度。

（2）把你的职业变成一项自己热爱的活动，由于你非常乐意做这件事，因此必要时就算没有报酬你也愿意付出。

27. 找出自己的长处，做好人生规划

你必须付出代价以换取热爱的工作，这样你就不会觉得自己是在做苦工，而会充满活力与热情。时间一去不回头，何必把时间浪费在你讨厌的工作上呢？

把人生的规划写下来，否则你会很容易把所有的时间花在临时岔出的事情上面。试试下面的语录：

"我并非在工作，而是有人付我一大笔钱让

我去做自己最爱的事情。我每天都迫不及待地想要赶快开始这件事。"

28. 赚到时间的妙招

每天抽出 30 分钟，一年累计下来就有 182 小时——几乎是你一个月的工作时数。如果你每天少睡 30 分钟，那么相当于每年就能多出一个月来。

29. 不要为眼前的困境钻牛角尖

人的境遇总是有好有坏，因此我们应该注意下列几点：

（1）明白坏运气不会一直延续下去，因此不妨先想清楚，若情况发生改变时该如何面对。

（2）记住："留得青山在，不怕没柴烧。"只要你拥有一些个人资本，就能把握机会、有所作为。

（3）绝对不要停止学习、精进个人的技术，因为这会让你有能力应付任何情况。

关键思维

不管命运之神发给我什么样的牌，我都坦然接受，反正我最后一定会赢得最高的奖赏。我绝不会被暂时无力掌控的事情击倒，因为我早就想到自己日后肯定会有一番成就。

——汤姆·霍普金斯

30. 做个大无畏的人

失败是由恐惧、漠不关心、犹豫不决、漫无目标所造成的。

只要你对人生有目标、行事有效率、做事坚持不懈、有备无患、为人正直且肯努力，就肯定会成功。

关键思维

我做事很有效率，而且从不畏惧别人望而却步的艰难阻碍。

——汤姆·霍普金斯

31. 不要替无识人之明的老板效力

如果你的老板既无识人之明，也不懂得奖励属下的优异表现，奉劝你别再浪费时间企图改变他，不如赶快换个工作。

32. 运用潜意识来解决难题

（1）先把难以解决的问题写下来，包括真正的难处，以及让你在情绪上感到为难的地方。

（2）仔细剖析整个问题，并且尽可能把问题分解成数个小问题，愈能从不同的角度看待问题，效果就愈好。

（3）发挥你的潜意识，不断冥想解决问题后的海阔天空。

（4）把问题赶出你的意识，不断提醒自己，你已经把这个难题交给潜意识去处理了。

（5）每 3 天重复一次利用潜意识的程序。

（6）如果过了好几个星期仍旧无法想出解决的办法，就从头再来一次。

关键思维

我总是能在睡着的时候想出最好的解决方法，我先把难题写在纸上，然后就交给潜意识去解决，因为我很有耐心及信心，所以结果总是非常顺利。

——汤姆·霍普金斯

33. 想清楚成功的代价

"成功"包含好几个层面，在你全力争取成功之前，最好先想清楚，你是否愿意为了获取成功而付出相应的代价。

34. 不要随便欺骗别人

每个人都知道不去招惹恶人，但也不能"欺软"，即使是最温顺软弱的人，我们也不该随便欺骗对方，因为说不定你就会在最糟糕的时候雪上加霜遭到报应。

35. 把成功的形象深深烙印在脑海

你对自己的看法会主宰你所做的每一件事，

所以只要把成功的形象深深烙印在脑海里，就能够影响自己的未来。

那些把自我形象设计成赢家的人，最后终能美梦成真。

关键思维

我热爱成功，运用智慧努力工作，追求自己想要的事物，所以我理应得到这些东西。没有人能够让我为自己的成功而内疚，如果别人不能接受我的成功，那我也没办法，我会找到乐于接受我成就的人，并与之为友。

——汤姆·霍普金斯

36. 如何接受别人的愤怒

（1）对别人的愤怒不要回避，向对方清楚表达你很在意他的感受。

（2）保持冷静，不要惊慌，让他们把怒气发泄出来，不要半路打岔。

（3）问一些能够让他们舒缓情绪并想出解决方法的问题。

（4）认同最佳的解决方法及最务实的实施进度。

（5）按照预定进度进行，否则问题会更加恶化。

37．把契约变成协议

除了律师之外，每个人都讨厌契约，你不妨和大家讨论后，想出一个让大家皆赢的协议，并全力以赴地和大家一起达成目标。

38．有关意外后果的两项定律

定律1：人世间的每一件事都一定会引起某个未知力量的反应，唯有决定予以反击的人才能制止反应的进行。

定律2：那些决定反击的人往往是为了自身的理由，并且运用自己的方法及资源，选择在对自己有利的时机下予以反击。

39. 了解每月基本开销

你的每月基本开销是指足够供你付清每个月的账单及维持生计的金额。

有些人的每月基本开销非常大，所以他们必须辛苦工作。至于另外一些人呢，因为不愿承受压力，所以每个月只需要一点钱就能够维持基本的生活开销。你最好清楚算出自己每个月的最低开销需要多少，然后依此安排工作量。

40. 存下足够的冒险金

冒险金是指让你有信心冒着可能失去一切的风险，追求更好机会的一笔钱。拥有足够的冒险金会让人充满勇气，感觉自己很有力量。

关键思维

我拥有足够的冒险金，保证我能够在面对艰难的谈判时不动摇，并做出重要的决定。

——汤姆·霍普金斯

41. 如何运用信心创造成功

必须通过充分的准备及降低目标的难度让自己建立信心，直到你能轻松赢得胜利为止；接下来还得让自己继续绷紧弦，保持在同样的水准，直到确信自己已经更上一层楼。等你晋升到更高的水准之后，就把整个程序从头再来一遍。

不一定非要当第一名不可。在许多情况下，排名在前半段的人，表现已经非常好了；排名前10％的人，表现则更是令人拍案叫绝。

关键思维

我明白即便身为一个赢家，有些时候也不可能做到万无一失，所以我不会因一时的失败就灰心丧气从而被击倒。我愿意接受更高的挑战，因为我总是瞄准更高的目标。

——汤姆·霍普金斯

42. 适度的焦虑能激发行动

成就非凡的人往往会以适度的焦虑激发出最好的表现，创意与焦虑其实有点像孪生兄弟。

如果你为了根本不值得担心的事感到焦虑异常，那就不健康了。要注意以下的情况：

（1）莫名其妙的忧虑。

（2）肌肉紧张。

（3）为不相干的事感到困惑及钻牛角尖。

（4）坐立不安，害怕失去或感觉嫉妒。

（5）犹豫不决。

（6）感觉疲惫。

（7）很难与人沟通。

43. 如何避免沮丧

对沮丧要治本，不要局限于治标。不要老是钻牛角尖、对自己的沮丧耿耿于怀，而是要找出令你感到沮丧的问题来源，并设法处理：

（1）想办法消除失落感。你可以设定一段哀伤的时间，但时间一到，就要把心思转移到其他事物上。

（2）你要明白这个事实：人们经常会对一些小事抱持过高的期待，在拟定计划的时候不切实际。你也要承认自己有时的确过分乐观。你要不断提醒自己展望未来，直到不再沮丧。

（3）找出你为了达成某个目标，而错过另外一个目标的情形，每个人免不了都会做出这样的事情。重新设定目标，让各个目标能互助互补，而不是互相冲突。

其他的沮丧症状包括：

◎ 对某个亲密的人失去了感觉。

◎ 把心思全放在琐碎的小事上。

◎ 无动于衷或是放弃所有的感情。

◎ 愁眉不展、睡不安稳——而欢笑与睡眠正是大自然赐给我们的最珍贵的两种安全阀。

44. 让自己保持乐观的心态

赢家总是事先做好规划，他们明白每天都会遇上一些悲观的人，所以赢家会预先做好心理准备，让自己不断沉浸在乐观向上的气氛当中，然后再勇敢地走进人群。

关键思维

我会强调自己所做每件事的正面意义，不管发生任何状况，我都会设法找出其中一丁点的好，不论是思想还是言谈，我都倾向于使用积极的字眼，以帮助自己对抗悲观。

——汤姆·霍普金斯

45. 让心情保持开朗

你可以试试以下做法，避免让自己的情绪变得沮丧：

（1）主动接近神采奕奕、积极正面的人。

（2）好好安排自己的活动，尽可能减少与悲观沮丧者共处的时间。

（3）每艘船都有些许缝隙，但只要船上的人能够同心协力把渗入的水舀干，就不会产生问题。你对自己的人生也该这么做，随时把渗入心里的悲情之水给舀出去。

46. 一日之计在于晨

每天早上，你可以做下面这些事情，开启自己新的一天：

（1）听些活力十足的音乐。

（2）听些励志的录音带。

（3）为自己加油打气，鼓励自己追求既定的目标与志向。

（4）对生命的每个方面都以积极正面的方式回应与思考。

（5）阅读积极向上的书籍。

（6）鼓舞周遭的人，不吝于赞美他们，也不要妄加批评。

（7）做适量运动。

47. 落实目标

要达成一项目标并不难，难就难在设定能激发自己努力追求的、既具挑战性又务实的目标。

必须经常更新目标，随着前进步调与目标的日趋接近，更要确定目标能否如实反映自己当下的想法。如果你已经不想再追求某个目标，那么立刻把它删除。

首先你应当把目标定得非常明确，如此才能激起追求的决心。接下来要加入更多让人兴奋的细节，以保持目标的激励性。在你快要达成目标时，不妨在脑子里想象一下目标实现时的美好画面。

设定、修改及重新设定目标的确是艰辛的工作，但绝对值得付出。只要你愿意付出必要的代价，天底下没有达不成的目标。

48. 追求最大的回报

不知你是否注意过，计时工作者是每个星期领一次薪水；薪水较高的业务员与主管则是每个月领一次薪水；而从事不动产买卖的中介人员，往往要等上 3 个月才能领到佣金；房地产开发商更是要等上好几年才能赚到钱；至于有些企业，甚至要不断投入资金长达 20 年，甚至 30 年以上，才能见到产品问世。

等待投资回报的时间愈长，将来获得的利益也愈大。长期计划之所以能够有如此丰厚的利润，主要是因为竞争较少。就大多数项目而言，如果要等 5 年以上才能看到回报，往往就只有少数的人愿意涉足和投入。

49. 做事要保持平常心

许多人常会陷入"过食－饥荒"的恶性循环中，一旦事情进展得顺风顺水，便开始懈怠不再用心，等到饥荒降临之际，他们虽然立刻严阵以待，但还是得咬紧牙关撑上一阵子，才能看到曙光。

其实比较明智的做法是，不要理会目前的结果如何，只管持续设定新的目标，继续努力，为未来的目标打下基础。我们也要以相同的态度处理自己的财务，千万不要在情况好的时候大肆举债，否则在饥荒来临时，就会被庞大债务压得喘不过气来。

关键思维

　　我从不会因为只顾着眼前的事，而完全忘了明天。我是个做事有计划的人，我总是往前看。我不断评估自己的表现，以减少不必要的时间浪费。而且我从不寅吃卯粮，当明天来临时，我一定是已经准备好了。

　　　　　　　　　　——汤姆·霍普金斯

50. 不要随便浪费时间

　　世上有许许多多的事情，只要你愿意投入时间、肯用心努力，就能够在日后获得报酬，而且这些报酬说不定在几年间便增长了好几倍。同样，世上也有许许多多的事情，会害人白白把大把时间浪费掉。一个人能否成功的关键就在于，懂不懂得好好运用每天的 86400 秒。

关键思维

我明白这一生是成还是败，完全取决于我能否善用时间，所以我绝不虚度光阴，而是小心翼翼明智地使用我的每分每秒。我不断找寻能够善用时间的更好方法，我绝不与那些会浪费我时间的人为伍。

——汤姆·霍普金斯

51. 善用时间就等于赚到时间

（1）妥善的时间规划能够避免将来手忙脚乱，因为你已经预先想过日后可能会产生什么样的问题，自然会设法避免。

（2）妥善的时间规划能够帮助你消除罪恶感，并全心全意追求能够获得最高价值的事物。

（3）妥善的时间规划能够让你在自己的私人时间中，享受到更多乐趣。

（4）妥善的时间规划让人学会自律。

我会拨出时间预做规划，我对自己感到满意，因为我总是把时间用来从事最有生产力的事情。我是个做事情有条理、负责任的人，我总是一次就把事情做对，因为我事前已经做好准备了。

——汤姆·霍普金斯

52. 如何让时间变多

（1）用来追求成就的时间与花在休养生息上的时间都不宜过多，如此才不会让身体过劳，或者过度懒散。

（2）要十分珍惜用来追求成就的时间，在做事效率最高的时段，不要让任何事情打断你。

（3）要好好安排你该做的事情，交代别人去替你完成那些简单的例行公事。

（4）我们每天最需要做的一件事，往往就是我们最不愿意去做的事情，所以每天必须铆足劲儿去完成这件事，才不会让它阻碍我们。

（5）每一份文件只准碰一次，对手头的每份文件都要采取"终处理"程序。

（6）定期来次大扫除，把那些堆积在头脑中、思想里和生命中的杂物清除掉。

关键思维

我对追求成就的时间锱铢必较，没有谁可以浪费，我也不会光做些简单的工作或是例行公事而把宝贵的时候给浪费掉。不过我在休养生息的时候就会完全放松自己。

——汤姆·霍普金斯

53. 做最有生产力的事情

获得最大成就的关键在于，尽可能让你工作的每个小时，都有最高的生产力：

（1）每天早上写下你当天必须做的最重要的6件事。

（2）排定这 6 件事的优先顺序。

（3）从最重要的那件事开始做起，努力不停歇，直到做完为止。接着开始做第二件重要的事，依此类推。

（4）在一天工作结束时，把那张工作清单再回顾一遍，并为制订明天的清单做准备。

（5）不要担心你是否已经完成每一件事，至少你已经把时间用来做最重要的事情了。

（6）为你的工作列出一份最重要事项的清单，也为你的人生写下一份清单。

（7）持续这项行为至少 21 天，直到变成习惯为止。

54. 学会放手授权

除非你愿意把权力下放，否则你绝对不可能打造出一个成功的组织。让其他人来替你完成例行作业，你才能够集中心力完成工作中最有生产力且回报最大的部分。

如果你不愿意把权力下放，你很快就会用尽

力气，并且再也没有时间成长。如果你愿意把工作中最简单的部分放手给别人做，你就可以往前冲刺，并再度成长。

55.画出你人生的蓝图

如果你想让此生获得最大的成就，就必须杜绝随心所欲或是听天由命的生活态度。相反，你必须排定人生目标的优先顺序，并且制订一个合理的架构，依此度过一生。

你必须把一生中所有重大事项排定优先顺序，包括：

（1）家庭的需求——通常是人生快乐与意义的最大来源。

（2）心灵的需求——人生中有关宗教与灵性的部分。

（3）事业的需求——包括为未来甚至现在开创新的事业局面。

（4）健康的需求——值得你花时间与精力去维护。

（5）个人的需求——安排时间建立友谊和维护社交圈。

56. 成功必须付出精力

一个人的精力包括以下几方面：

◎ 脑力上的。

◎ 情感上的。

◎ 精神上的。

◎ 身体上的。

以上这几部分是互相关联的，比方说，体能活动能够带来心情的愉悦，也可以产生充沛的精力，许多科学家指出，一般人通常只用到10％的脑力与身体能力。

关键思维

我正处于一套持续进行的运动项目中，这让我感到心情愉快。我很珍视运动的时间，因为运动能让我精神放松，并消除白天的紧张。

——汤姆·霍普金斯

57. 让脑力维持在高速挡

创意源自脑力层面的精力，以下是一些化精力为创意的关键方法：

（1）把负面的想法一扫而空。你不必一直为失败的借口钻牛角尖。

（2）设定明确的目标让自己努力去完成。

（3）金钱是成就的附属品，用心追求成就，金钱自然会跟着来。

（4）靠着自律坚持不懈，把励志语录转化成良好的习惯。

（5）对自己要求高一点。

关键思维

我绝不让负面的想法占据心头，我拥有明确的目标，努力追求成就，而非金钱；我很懂得变通，很有创意，拥有丰富的实务经验，而且坚持不懈。我总能想出新的方法来解决传统的问题与挑战。

——汤姆·霍普金斯

很惊讶自己这么擅长做某件事，因为我很努力让自己在这方面有好的表现。

——汤姆·霍普金斯

58. 培养幽默感

欢笑是要付出代价的。换言之，你必须放弃一些原本比较重要的事情，只求自己能够更健康、更快乐、更能享受生活，你必须找出所有事物的有趣之处，以及每个人的优点。

关键思维

我努力工作，所以我有权利嘲笑自己及这个世界。凡事我只看其光明面——我就是这样的人。我很有幽默感，而且愈来愈会开玩笑，尤其喜欢拿自己开玩笑。

——汤姆·霍普金斯

59. 学习并运用制胜的技巧

实现功成名就的快捷方法，就是能够化繁为

简，懂得使用最尖端的技术取代复杂。

60. 永远向前看

尽管现今人类已掌握许多先进的技术，但基本的人性并未改变。也就是说，一般人还是很容易感情用事、经常犯错，而且不完美。

我们应该永远向前看，昨日无法重现，我们应当张开双臂迎接改变，因为这就是人生。

61. 建立自己的情报网

无论是哪一行，比别人愈早得知愈多的情报，就能比别人愈快赚到更多的钱。资讯的来源可分成公开与不公开两种途径，在任何商业领域中，懂得比别人多的人，总能够从专业资讯不够灵通的竞争者手中抢走生意。

任何人只要努力研究，就能够很快超越同行的表现。公开的资讯固然有价值，但是非公开的资讯价值更高，因为知道这项资讯的人很少，能够利用这项信息的人自然就不多，所以你要努力开发不公开的资讯来源，不过这通常是互惠的，你必须提供给对方一些有用的消息，才能够交换到对方的情报。

62. 何时该换工作

当工作因为某些你完全无法掌控的因素而变得岌岌可危时，就是该换工作的时候了。你要及早痛下决心，换个新的工作或是改变方向。

以下是一些显示你该换工作的蛛丝马迹：

（1）管理阶层玩忽职守。

（2）公司的巅峰时刻落幕了，接下来的情况只会愈来愈糟。

（3）你被排除在外，无缘分享公司的成功。

（4）你的工作已经毫无挑战及活力。

（5）你们公司已经无法与别人竞争。

（6）你不明白自己辛苦工作有什么意义。

（7）老板把自己的亲戚安插到原本属于你的职位。

63. 要懂得如何应付挑战

赢家总是知道何时该勇敢迎击艰难的挑战，打一场漂亮的胜仗；失败者却对问题视而不见，只会烦恼却不采取行动。其中的关键就在于掌握时机。

关键思维

我把解决每个问题都当作一次让自己大展才能的机会，我非常注意掌握最佳时机。当问题需要快速处理时，我会立刻采取行动——当情况符合我的最佳利益时，我也会静观其变，等待行动的最佳时机。

——汤姆·霍普金斯

64. 如何释放紧绷的压力

（1）大笑。

（2）做运动。

（3）采取直接的行动。

（4）采取间接的行动。

关键思维

一旦遇上问题，我必然尽全力去解决。我喜欢行动，乐于做事，我喜欢有所成就。

——汤姆·霍普金斯

65. 撕去你身上的标签

绝不接受别人加诸你身上的负面标签，特别是那些找你麻烦的人。过往就像一桶该倒掉的灰烬，无法再使用。不断为一个旧标签去钻牛角尖，就会让噩梦成真。

如果你说"我的确像他们所说的那样"，那你就永远不会进步。同样，如果你用"我一向就是这个样子"或"我没办法啊"这样的借口安慰自己，那么永远不会去求改善。

66. 为什么有些人就是办得到

自我暗示是导致一个人成功或者失败的关键

因素。有些人因为相信自己办得到，并且愿意付出应有的代价，所以成功了。也因为他们相信自己会成功，所以更勇于尝试，结果更加证实了坚定的意念会让人成长。

光是达成某一项目标绝不能算是成功的人生，因为其他人可能会将"幸运"二字加在你的头上。如果你决定付出必要的代价去追求成功，并让人生形成一个"努力打拼以建立更美好的自我形象"的良性循环，那么你一定会成功。

关键思维

成功绝对"物有所值"，因为我是这个世界的驾驶员而非乘客，我是个举足轻重的人，喜欢闯出一番名堂。我是一名优秀驾驶员，我的知识、影响力、权力和财富都会快速成长。

——汤姆·霍普金斯

67. 别随便消耗精力

增加精力有两种方法：生成更多精力或是减少精力耗损。如果不想耗损精力，你必须做到下列事项：

（1）避免设定互相冲突的目标。

（2）保持健康的体魄。

（3）把艰难的挑战分成数个比较容易解决的小挑战。

（4）刻意去做你害怕的事情，以克服害怕失败的恐惧心理。

（5）建立积极正面的心态，不要念念不忘已经做错的事，把注意力放在下一次会做对的事情上。

（6）对自己要有信心，因为别人也是这样看待你的。

关键思维

我不害怕学习，因为我知道那是收获的唯一

方法。即使不小心失败了，我也会分析哪些地方做对了，并把失败当成未来成功的基础。

——汤姆·霍普金斯

68. 致富的三个基本步骤

（1）赚多花少。

（2）赚得愈多，反而要花得愈少。

（3）把钱投资在能够节税，并且能够因通货膨胀而获益的资产上。

69. 成功绝非天上掉下来的

成功的 90％是靠严格的自律、正确的态度以及对自己抱持正确的看法而得来，工作技能只占 10％。

70. 设定目标的准则

（1）必须让你相信自己做得到。

（2）内容必须明确。

（3）必须使你渴望达成。

（4）必须让你每天都充满活力地想着那些目标。

（5）必须书面写下来。

关键思维

我非常认真地设定目标，我有充分的信心能够达成目标，我觉得我的目标很有意思，我绝对不会忘记我的目标。

——汤姆·霍普金斯

71. 目标必须写下来

只有极少数的人会把目标写在卡片上，并放在钱包里随身携带。这么做能够随时提醒你别忘记这些目标，并妥善计划如何达成目标，以及付出必要的代价来实现这些目标。

必须把目标写下来的原因有以下4点：

（1）让你每天活力充沛地从事各项活动，并且明白自己在做什么。

（2）让你大展才能。

（3）激发出你的热情与力量。

（4）帮助你行事更有条理。

72. 给目标设定时限

你需要设定短期与长期的目标，譬如终生的目标与分阶段进展的目标。至于目标的内容要写得有多详细，可以随心意而定。

73. 你需要制订多方面的目标

你必须针对以下各方面制订相关的目标：

（1）金钱。

（2）健康。

（3）家庭。

（4）个人成就——你想要成为什么样的人。

（5）想要获得什么样的地位象征。

（6）想要给自己什么样的成就奖励。

74. 达成金钱目标的两种做法

（1）编制所得明细。也就是你在某一段时期内赚进多少钱，花掉多少钱，结算后是盈余还是透支，唯有盈余才能让你实现长期目标。

（2）算出净值——你的总资产在市场上的合

理价值减去总负债。

关键思维

我永远不会忘记，累积足够的投资本金是为自己打开更多道机会之门的关键。我有很强的自制力，所以我总是能够实现存下预期收入的目标。我已经准备好踏出事业的下一步了。

——汤姆·霍普金斯

75. 斩断过去的枷锁

把心思放在已经无法改变的过去，会限制你未来的发展。因为现在的你若不勇往直前，就只好回到过去；如果你把过去的伤口带到今日，未来也将跟着淌血。

努力掌控现在的表现，制订明确的未来计划，不要念念不忘过去的失败，其实过去并没有那么悲惨，何况现在的你做事更有计划，也更懂得如何向前迈进，让自己更上一层楼。

76. 成功的本质

你一定要做到的一件事就是自律，而且这种事只能靠你自己来完成——没有人能够将自律赠与你。

自律就是尽力控制自己的情绪和欲望，从而掌控心灵；建立自律就从控制自己的想法开始，因为想法会产生感觉，而感觉又会化为行动，行动则会造就你一生的结果。

最了不起的成就，永远是由那些能够把心愿与意志结合起来的人所达成的。

关键思维

我能控制我的想法，绝不让负面的想法进入内心。我非常明白自己的成功与否，完全取决于能否妥善运用时间，所以我绝不浪费时间。我是个律己甚严的人，而且言出必行；我是个始终如一的人，凡是该做的事我绝不推诿，我以自己为荣。

——汤姆·霍普金斯

77. 励志语录勿贪多

准备多少项的励志语录最好？这里并没有硬性数字的规定，只要你一天能够从容地重复诵读2～3次就行了。对大多数人来说，一般从15项目标开始起步是最理想的，每天每次要花一两分钟把这些励志语录复习2～3次。你必须毫无间断地连续诵读21天才能养成习惯，并且每星期抽出半个小时，增加新的励志语录，并想出新的方法为励志语录注入新的情绪诉求。细细咀嚼每一项励志语录，直到你感觉情绪澎湃为止。

关键思维

我每天至少要重复诵读励志语录3次，每一项励志语录我都会花几秒钟好好读一遍，以感受其中的热情。

——汤姆·霍普金斯

靠自我激励，我做到了

文/杨正秋

就在我欣慰自己已经实践了当年的自我承诺时，我读到了营销大师汤姆·霍普金斯的经典著作，翻开第一页之后，我几乎无法停止地一直阅读下去。霍普金斯不只是出书和大家分享他个人的成功计划，更重要的是提出方法，引导每一位曾经以为自己是失败者的人，在清晰明确的自我激励下，逐步迈向成功之道。我在创投业十多年的职涯历程，和大师笔下的一字一句如出一辙，我靠自己当初许下的诺言，叮嘱自己"要用力"扭转乾坤、转败为胜，我很高兴、也很欣慰，因为我做到了！

我的女儿现龄几岁，我在"台湾创投公会"任职的时间就有几年，算一算也已经 13 年了。这个年数和我的创投专业职能不能画上等号，当年我甚至不断推辞和排斥担任现在的秘书长职务，理由都是自认为财经知识不足。回顾这一段不算短的日子，我整理出八项个人职涯上的转折，以此作为出发点，回应我对霍普金斯在书中剖析的论点。

（1）想清楚成功的代价：我是女性，也不是财经科班出身，当年却一脚跨进财经专业当道的创投产业，其实说穿了，纯然是为了想找一份安定的朝九晚五工作。我不是很爱赚钱，也不急于追求名利，说真的并不适合在创投业发展。这不是我自贬身价，而是想清楚了创投产业的"那般样子的成功"不是我想要的，我有自己设定的成功目标：结婚生子、怡情居家。现在，我已经打拼出一次次的大场面，算是对老板、对会员有了交代，是该回头去追求自我成功的时候了。我已经迫不及待地幻想起来：该带女儿到日本泡温泉，还是和老公去英国欣赏冬天的雪景？

（2）不要设定不切实际的目标：虽然我并不

想追求创投业界普遍意义上的成功，但是 2001 年公会秘书长位置出缺时，公会运营情况却是糟到难以处理。前任秘书长离职时，并没有留下任何人脉资源与组织发展策略，我当时是副秘书长，也是由公会内部干部一级级升上来的，理所当然地应由我接任秘书长职务。事实上并非一般所认为的那么简单。早先的分工明确，秘书长主外、副秘书长管内，秘书长负责企业募款、副秘书长只管把会务行政做好。在此情况下，前任秘书长没有明确交接就离职，我当然不可能顺利接任。一开始我不断排斥接任，就像霍普金斯所言，我不要设定不切实际的目标。随意接下秘书长职务，就等于设定自己去追求达不到的目标。

（3）扭转乾坤、转败为胜：当时公会的内外部环境跌到谷底，再加上经济状况直转而下，创投基金募不到钱，没有公司敢于放手投资，创投业几乎成了"票房毒药"。公会理事长王伯元先生不断与我沟通，他真诚地表示，希望能把产业的前途交到我手上。这是多么沉重的责任！在几乎没有转圜的余地下，我不得已扛起责任。就在我决定接手的那一刻起，我已打定主意，把这项责任当成别人赋予的期许，这是一种至高无上的承诺，我告诉自己：既然已经承诺，就要做到。这些年来，我默默耕耘、一步一个脚印，秉持着"向上发展、彼此激励"的理念做事，直到如今才如同烟火乍明般，把丰硕的成果摆在众人的面前，"2004 台湾地区创投论坛"及其相关活动，正是我近年来"转败为胜"的最好写照。

（4）不要替无识人之明的老板效力：我从不轻易答应做不到的事，一旦答应了，就没有借口不努力完成。这个过程当中，敏捷、聪慧的老板也是一项关键。我的老板是王伯元先生，他的想法非常理想化，常常"胃口很大"，大到让部属根本达不到。以这次论坛为例，一开始他把会议层级定在国际化规格，要求邀请国外贵宾、议程以全英文进行等，在面对募款不顺、外宾不肯出席，官员不赏光的一连串打击下，我必须向理事长报告实情，并且进一步说服他，放弃做不到的部分、把能做到的做得更好。在这一点上，王理事长展现了领导者的风范，让我看到一位智者该如何处事，身为部属的我们也才更有机会和干劲去发挥。

（5）如何避免被怒气冲昏头脑，化愤怒为力量：每当事情一多、一杂，每个人都极有可能烦躁动气。这一年来，我把多数时间投在准备此次的论坛上，包括靠着一通通的电话，向创投业者募款400万新台币资金，以及会议临近时才想起来要制作的论坛20周年纪念专刊，这些都是过去没有经验、如今却必须拿出成绩的工作。公会的年轻同事们不懂得如何处理，常常一件小事到后来演变为棘手的事，例如活动之前的记者会，对预估有多少记者会出席，都一问三不知。我当下气得不得了，结果，一通临时打进来的电话"救了我"，使我免于对同仁做出不理智的指责。

带着怒气的指责，无助于解决或处理事情，这也是霍普金斯所言的"不为眼前的困境钻牛角尖"。接过电话的我，气消了些，同事们也已经趁机想好办法，或是借机处理了棘手的事，大家又是平平顺顺地继续工作下去。

（6）用励志语录影响他人，学会授权给别人：霍普金斯鼓励读者设定自己的励志语录，其实我自己也没有做过，我把自我激励的哲理融入工作的态度中，在职场上倒也发挥过作用。可是，同事们太年轻，还体会不出哲理的真意，我常希望通过工作，增加他们的学习机会。还是以这次论坛为例，针对 400 名已报名的人士，我一个人专心做就可以把报到、膳食等琐事做好；可是我把工作加以分配，让每名同事都有机会接触到。有同事做错了，我能够容许第一次，却不能容许一错再错，因此我会发出适度的警告，给同事制造些微焦虑，以达到激发他们自我行动的能力。在所有被用过的励志语录中，最有效果、最震憾的一句就是：秘书长，有朝一日我要取代你！我张开双臂欢迎任何可以取代我的同事，我也不时提供个人经验，激励年轻同事朝着未来大步前进。

（7）落实目标，打响名声：创投公会的设立目标在于服务创投产业，扮演会员与科技公司间的桥梁，利用定期研讨会、说明会，促成投资交流，协助会员与政府沟通，并密切掌握及参与协调投资相关法律的变动、增进民间对创投事业的了解及参与等等。围绕这些理念举办的诸多活动，目的都是要让创投业拥有好名声，让基金管理团队既能赚到钱，又能为产业带来向前的驱动力。

（8）期待享受更健康的人生：霍普金斯一再提醒大家，励志语录能够带来健康的人生，要在工作与玩乐之间取得平衡，让身心变得更健康。对此，我深以为憾。这一年来的忙碌工作，访客不断、会议未停，还需要手捧笔记本、耳听录音带，在两个月时间内采访、整理出一本十余万字的专刊，真的忙坏了。前一阵子拖着病体工作，最后不得不抽空到医院检查身体，医生说："杨小姐，你身上的每一个器官都出了毛病，请问你要从哪一科开始看起？"唉！大家一定要爱惜身体，无论从哪一科开始挂号，都是令人不舒服的。我期待工作暂时落幕，好让我的长假可以开始！

作者简介

杨正秋，台湾东吴大学德国语文学系毕业。曾任台湾资诚会计师事务所税务部特别助理，拥有创投同业公会干部十多年的工作经验，现为其秘书长。同时兼任台湾三家机构审查委员、委员，以及台湾创业育成协会中小企业育成年鉴编辑委员会编审委员。

企业无小事

Everything Counts!

52 Remarkable Ways to
Inspire Excellence and Drive Results

·❧ 原著作者简介 ❧·

加里·布莱尔（Gary Blair），毕业于美国雪城大学，是造诣深厚的演说家及管理思想家，自创管理咨询公司，有 20 多年的顾问经验，是 IBM、美国国家航空航天局、通用电气、赛百味、联邦快递、迪士尼等组织的重要培训师与咨询顾问，文章散见于《纽约时报》《华尔街日报》《今日美国》等报刊媒体，被誉为"全球在绩效与生产力方面最具影响力的思想家之一"。

本文编译：洪世民

主要内容

每一件事都重要

台湾鸿海精密集团董事长郭台铭说："魔鬼都在细节里。"要成就一个庞大的组织，就必须用繁复的细节去堆砌出竞争力。台湾城邦集团CEO何飞鹏也说，进入出版业让他有了林林总总的新产品上市实战经验，也让他体会到"做好每一件小事"的重要。

一般人容易简化成功，忽略细节，好大喜功而非稳扎稳打，却不知道小事是大事的基础。所有的大事，都可拆解成无数的小事。如果一个组织能够把小事做好，就代表这个组织结构严谨，不易出错，是个可靠而稳定的组织。有太多的人与组织将他们的注意力聚焦在如何把大事情做好，却忽略了往往能够创造大不同的小细节。这种对小细节的公然漠视，会带来负面的客户体验，紧接着还会损害公司声誉，伤害品牌，并降低客户忠诚度。想成就真正的卓越，成为企业的领导者或创业家，就必须对细节多加注意。这些细节包括对工作品质的要求、敏锐的注意力、不愿妥协的标准和精准的执行过程。

多年来，我们一直被灌输着这样的观念：不要斤斤计较，为小事劳神费力。但此观念有个严重缺陷，即它会造成客服不佳、绩效不彰、机会流失、品质不稳、工作重复与管理不善。在现实中，这一切都极为重要。你所想的、说的、做的每一件事，都可能导致你继续进步或骤然退步。加里·布莱尔提出了一个全新且有效的观念，可以将组织的成长、生产力与绩效引导至更高的层次。此观念从最细微的客户互动到最精密的品质控管，"积跬步而致千里"，将许多小地方连接起来，进而集结成一项大成果。

何飞鹏常说，每一种新书都是一个全新的商品，从市场调查到商品规划、到生产、到营销、到上市、再到售后服务，每一本书都要走完完整的产品生命周期。尽管每一本书的营业规模都很小，却不能省略新产品上市过程中的任何一个步骤。他形容出版事业像精细的绣花工作，没有大事，只有无数的小事、小步骤、小流程，但所有的小事加在一起，就会决定一本书的成败。

加里·布莱尔在文中为"做好每件小事"提出明确指引，为客服与卓越品质奠定坚实的基础。注重这些细节，可以让你知道如何在销售、服务和绩效上进行调整和改善。此外，还可以帮助你激励员工和团队，让个人和组织都能有更好的成果。

每件事都做好，结果自然就好

你所做、所说或所想的每一件事，都会有后续影响，它们不是带你朝梦想前进，就是让你倒退。小事也应该认真对待，因为追根究底，企业无小事，每一件事都重要，这可以说是卓越的"黄金定律"。每个人把每件事做好，结果自然就好。

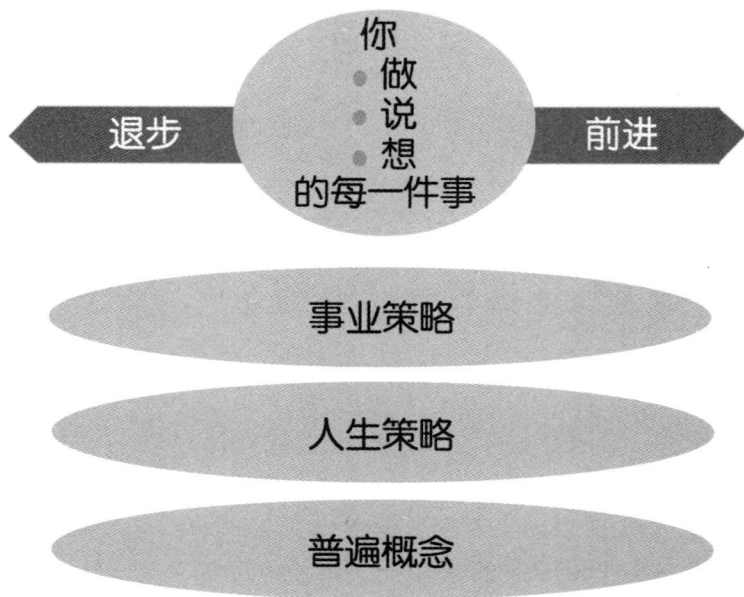

退步　前进

你
做
说
想
的每一件事

事业策略

人生策略

普遍概念

一　事业策略

1. 每个细节都重要

出色表现的魔法都在细节里。注重每个细微之处，是所有出色表现的共同点。要提供优质的产品或体验，就得把每一件小事都做好。即便是最细微的差异，集结数百次甚至数千次之后，也可能创造出卓越超群的成果。

关键思维

各个方面的卓越都是一件作品，其中每个小细节都体现着一个人的用心、承诺和品格。要关注小事情。持续关注细微之处将能造就卓越——每个细节都重要！

——加里·布莱尔

2. 承诺很重要

信守承诺可以提升你的可信度和声誉。长期成功是承诺实现所累积的成果，包括实现对自己以及对他人的承诺。任何领域中最成功的人士，不一定是最有天赋的人，但一定是将承诺铭记在心的人。当你能毫无悬念、分毫不差地实现承诺，你就是个言出必行的人，同时也展现了对自身能力的信心。

关键思维

承诺能鼓舞你发挥全力，也能保护及加强你在自己及他人心目中的可信度和声誉，更能为你带来热忱的能量和无法阻挡的动力，让你充满无比的自豪感。承诺很重要！

——加里·布莱尔

3. 领导力很重要

所有卓越领导人都有毋庸置疑的高贵品行。

领导人不见得非得要有魄力、才智过人，任何组织都可以通过聘请人才来获得这些特质。然而勇气、正直、信誉或者道德的指引，一言以蔽之就是品行，是聘请不来、买不到的。卓越领导人品格端正，立志保卫组织的核心信仰，并且能够为众人带来希望、带来正面的成果。

品格要以你每天回应挑战的方式来验证。如果你具有高尚的品格，你的作为永远都会合乎道德，并且符合自己的核心价值观与信念。你会做对组织整体有益的事，你也会因为道德表现，而成为他人效法和信任的模范。最重要的是，你会铭记杰出领导人从某种意义上来说是守护者，组织在他们的守护和照顾之下，将会更为健全。

关键思维

品格端正的领导人，能通过再三的善举，在人生中取得多种美德的适当平衡。因此，一如成功的运动员，正直善良的人士将屡创佳绩。亚里士多德说得对："我们反复做什么，我们就是什么。"

——加里·布莱尔

4. 焦点很重要

没有焦点，不管做什么都只是原地打转。人们太容易分心了。时间是你最宝贵的资产，如果知道焦点在哪，你所做的事情多半都能让你更接近目标。只要去探究任何职涯或企业的成功因素，就会发现努力工作的人，向来专心致志于该做的事，不会为手边的琐事分心。聚焦，便能创造积极的动力以及朝目标迈进的能量。

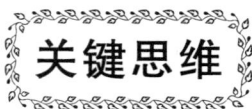

关键思维

焦点绝对至关重要，它会决定你是否成功。在各种必须塞进忙碌日程表的事项当中，管理焦点是最不容忽视的一环。

——加里·布莱尔

5. 一贯性很重要

始终不渝是成功的标记。如果你一以贯之，你便是安稳可靠的人。大家都觉得你可以信赖，你是他们工作中不可或缺的要角，因为他们相信你会说到做到。一贯性也能创造协同效应，因为你不会把力气白白花在偏离目标的事情上。

关键思维

一贯性是凝聚人心的力量，能让一切各就各位，也能帮助我们了解这个世界以及我们在这个世界上的角色，这就是一贯性很重要的原因。

——加里·布莱尔

6. 胆识很重要

挑战现况，可以让目标变得清楚而鲜明。胆识不是莽撞或傲慢，它意味着承担评估过的风险、无畏设定高远目标，并满怀热忱地向目标迈进。胆识也是实践诺言和展现能力的机会。只要愿意迎战艰难，就一定能脱颖而出。想清楚该做的事、勇于担起责任，然后努力追求卓越的成果。几次下来，你就能赢得大胆无畏的声誉，同时收获不俗的成绩。

7. 品质永远重要

品质是卓越的标识，也是终极的竞争武器。品质可定义为对完美的热情执着。品质一向来自不间断的精益求精。要获得更高的成就，就要全心执着于提升你的工作品质。

想知道你的产品和服务是否达到世界级水准，就必须完全沉浸于所属产业，凭直觉体会何谓卓越的品质，还要建立能让你每次都把事情做好的程序。倾注心力为市场提供卓越的产品或服务，你一定会成为所处领域中的佼佼者。永不间断且满怀热忱地追求完美，不仅能够慰藉心灵，也能为致力达成的目标赋予意义。从过去到将来，品质永远都是卓越的标识。

8. 规划很重要

事先规划可大幅提高成功的可能性。财富永远偏爱那些知道自己目标在哪、也知道该如何达成的人。如果你无法拟出可参照执行的计划，就会有一事无成的风险。规划有助于聚焦，能提供架构以打造成功，并且会激发创意思考。实际上，若能事先规划，事情就能做得更好、更快，当然成本也更低。

关键思维

把规划运用到最佳值，许多战争将不战而胜。

——加里·布莱尔

9. 愿景很重要

有吸引力和号召力的愿景，可以让你的期望与表现达到极致。道理很简单，愿景代表了对未来境况的期望。明确而有吸引力的愿景，是推动高绩效的燃料。当你渴望对社会做出有意义的贡献，并且非常清楚自己要努力完成什么目标，你就会充满干劲和热忱。如果你能够将获利方式融入反映自身价值观及有益社会的事物中，那么没有什么可以阻挡你。你将赢得数量可观且鼓舞人心的好处。

10. 团队合作很重要

团队合作比策略、财务和技术加起来还重要。若能组成一支强有力的团队，你将事半功倍。卓越团队缔造的成果，远远超过个别成员所能做到的，因此团队合作是关键性的竞争优势。密切而持续的团队合作，是卓越组织最鲜明的特征之一。要更快地朝目标前进，就要学习如何建立、维系及强化自己所属的团队。要达成卓越，就要建立能实现卓越的团队。

11. 道德很重要

必须建立道德规范，让每个决定都能以共同标准为依据。道德感来自你心中的道德指南针，也就是主导你个人以及你所属团体或团队行为的原则。当你行事始终恪守道德与诚信，便是在对外昭示：重要的不仅是达成的结果，还包括达成的方式。要拥有符合高道德标准的职涯，就必须避免妥协，并密切注意自己所作所为对未来的影响。

关键思维

在为社会乱象寻找解决之道时，要将焦点放在正确的问题上：不是"我们可以如何预防道德沦丧及其后续效应"，而是"我们可以如何激发并维系社会及我们自身的道德行为"。寻找这个问题的答案，是你的挑战，是领导者的挑战，更是每一位父母、教育者、指导者、从政者、企业和神职人员的挑战。为什么？因为实践道德非常重要！

——加里·布莱尔

12. 设定目标很重要

目标能让你保持聚焦、准时而且不妥协。没有谁可以做完世界上的所有事情。当你设定目标，便是具体指出你将牺牲所有其他选项去完成的事，也是在说明谁要帮助你、你打算如何进行，以及何时要达成。

总的来说，目标能帮助你聚焦、准时并锁定目标。目标会使你成就加倍，因为你不再漫无目的、不再心猿意马。你所选择的目标要符合你的志趣，并且要具体可行。目标能让你全心关注，并成为你人生及职涯的磁石。要养成并保持设定目标的习惯。

13. 创新很重要

必须持续不断地做更新、更好的尝试，才能茁壮成长。在今天，创新是你不可或缺的核心能力。你必须不断想出更新、更好的方法来让自己与众不同，并为顾客带来更多价值。若无法持续不断地创新，就等于是把竞争优势拱手让给对手。你应该每天自问：我们该做什么改变来提高在顾客心目中的地位？我们可以做哪些改进来突破内部程序的瓶颈及限制？今天有哪些事可以做得比从前更好？创新绝对很重要。

14．奖励及表彰很重要

奖励及表彰即便褪去已久，仍能持续鼓舞人心。奖励是好事，能保证过去的良好表现一再出现。如果能通过奖励来发掘杰出表现并加以庆祝，不仅可提振士气，还能营造出让这种表现反复上演的有利环境。养成以丰厚奖赏来表彰杰出表现的习惯，未来你将会有更多理由值得庆祝。实至名归的奖赏是人人无时无刻不渴望赢得的喝彩，所以千万别忘了这么做。

15．每一位顾客都重要

为顾客创造的价值愈高，你事业的价值也就愈高。除非有满意的顾客，否则没有一家企业能永续经营。经营事业的目标就是要让顾客感到满意。热忱的顾客会让你的工作充满趣味，让你乐在其中。因此，要养成从顾客的角度去思考的习惯：

◎服务顾客的座右铭：顾客的一切事都重要。

◎善待员工，他们才会善待顾客。

◎一定要信守所有诺言，实现所有承诺。

◎时时缔造品质与卓越。

◎聚焦于提供优越的顾客体验。

◎永远尊重他人、以礼待人。

◎为你的顾客多尽一份心。

◎让顾客变成你的拥护者。

关键思维

顾客至上，顾客万岁。要看重每一位顾客，唯有为顾客创造价值，才能为事业创造长远的价值。

——加里·布莱尔

16. 管理能量很重要

必须有条理地运用及恢复能量。如果能量的运用或管理不当，就可能因精力不足而白白错失许多潜在的成就。要想让思考及行动有创意，就必须确保你的能量不会被重重问题耗尽。要持续发挥最佳表现，就必须学习如何从身体、情感和心灵等多种来源汲取能量。同时还必须在耗费能量和"满血复活"之间取得适当的平衡。当你将能量值推至极限，挺身面对眼前的挑战，你会发现自己的能量水平将随时间而提高。当你学会有效且持续地管理能量值时，你就会有顶尖表现。

17. 速度很重要

速度是维持竞争力和信誉不可或缺的关键要素。每一个人，包含你的顾客、供应商和供应链伙伴，都希望事情能做得更快、更简单和更顺畅。速度已经成为竞争力不可或缺的要素。越快把事情完成，你所做的事情就越有价值，你的组织也就越有吸引力。拥抱速度，把速度当作策略武器，就可以比竞争对手想得更快、做得更快。要培养能力争取把每件事都做得比以前更快。

18. 终身学习很重要

永葆竞争优势的基础就是不断学习。今天，你与知识打交道的时间会多于其他技能。这样很好，但知识会一直"自我蚕食"而变得老旧过时。为了增进你的获利能力，终身学习是必要的。要不断充实知识，你需要：

◎ 有好奇心和求知欲。

◎ 谦逊并有自知之明。

◎ 有一颗愿意体验及尝试新事物的心。

◎ 渴望他人对你的表现有所反馈。

◎ 对模棱两可、错综复杂和变化等情况有适度的容忍。

◎ 专注于你的强项，并使之强上加强。

19. 人际网络很重要

和所有能为你表现加分的人建立关系。一般来说，你在生活和事业上会接触到 3 种人际网络：

◎生活网络——朋友、家人、同学等。

◎社交网络——跟你有相同兴趣的人。

◎事业网络——事业上会碰到的人。

虽然就某些方面来说，网络丰富是好事，但更重要的是网络的质量。你要帮助网络中的人完成他们想做的事，以此建立信任和互惠关系。为你网络中的人多尽一份心力，还要尽力帮他们介绍生意。通过他们的强力推荐，你可以建立互惠的口碑生意，这对你所做的每一件事都有莫大的助益。给予各种人际网络的帮助越多，你累积的社会资本就越多。我们确实活在一个以人际关系为基础的经济体系中，因此，要不断努力拓展你的人际网络。

二 人生策略

20. 人格很重要

人格是赋予你人生方向、意义和深度的核心原则。

说得直接一点，人格是由你心中的是非观念构成的。你私底下细微的举动，永远比你在公开场合的表现更能清楚反映你的真实品格。要采取能展现和印证你信念的行动，遵守高尚的个人品德规范。接下来则是要说到做到，也就是随时随地都要为所当为。

关键思维

建立人格比成为大人物重要得多。

——加里·布莱尔

21. 常识很重要

在是与非的明确界线上，永远要站在"是"的那一边。常识告诉我们，从他人的错误中学习、别重蹈覆辙才是明智之举；常识也告诉我们，因果定律始终掌控一切，如果我们重复过去不成功的行动，就不该奢望未来会有不同的结果；常识还告诉我们，有时候，退一步客观地看待事物、不感情用事会很有帮助。在今日错综复杂的世界中，社会有许许多多的规则和制约，这表示我们未必会有动力去运用我们的常识。想出人头地，就要在生活中努力运用常识、践行诚信和礼貌的原则。只有这么做，你才会更开心、更有生产力。

22. 卓越很重要

卓越是持续成长及不断提升自身和事业的过程。追求卓越可以带来丰厚的获利。当你决心要提供全球顶尖、绝不折中的商品时，大家一定会对你予以关注。要实现卓越，必须下定决心付出必要的代价，同时要行动和坚持。要攀上专业领域的巅峰，你必须准备付出代价，也就是要更专心投入、更认真研究、更详尽规划，并克服此过程中层出不穷的挑战。简单来说，卓越需要热忱的追求和终身的投入。这就是为什么我们在别人身上见到卓越时，会马上眼前一亮，以及为什么只要全心追求卓越，就会引人驻足关注。要下定决心把每件事都做到卓越。

关键思维

卓越也是一种享受，因为它能建立信心、让心灵更加平静。它就像提防平庸的保险、持续成长的保证。全心追求卓越，任何时候你都能从平凡跃升至超群。千万不要放宽卓越的准则，要相信自己事业和人生的效能不会有极限、凡事都能精益求精，相信每一项工作都能达到卓越。

——加里·布莱尔

23. 每个选择都重要

你的选择不是让你更接近目标，就是与之渐行渐远。要成功，必须选择积极主动的态度。若不如此，就会流于自满。每当要做出选择时，都要选择让自己往目标迈进的选项。请注意，每个选择都有其后续效应，而改变选择，就能改变人生。一定要果断地做明智的抉择：通过选择，让自己发挥更大生产力，让自己善用所碰到的每一个机会。你的决定将界定你个人。

24. 热忱很重要

满怀热忱的人才能成就卓越的结果。与热忱相反的是淡漠——对自己在做的事漠不关心。而热忱则是胸中燃起熊熊的火，驱使你去做别人认为太难的事。人类存在的最深层需求，莫过于感觉和了解到自己的人生和职涯具有某种意义，并让自己的才能和天分发挥到淋漓尽致。为你的工作注入热忱，更确切地说，要持续追寻，直到找到你真正热衷的事物。寻找能激励你，也可以使你领先群伦的崇高志向。幸运的话，你热衷的事物将能改善这个世界。让你的所作所为充满热忱，你便不乏动力。

25. 坚持很重要

坚持能反映出你有多大的决心，并帮你克服逆境。简单来说，坚持就是下定决心无论如何都要全力追求目标。这意味着你要奋斗到底，投入所有必要的努力。坚持也代表你每天都要做一些努力，而非只在临近终点线时才埋头冲刺，结果让自己精疲力竭。坚持不懈比天分重要，也比固守既定策略更有弹性。要达成目标，就要坚持到底，一步一步不断前进。勇于承受挫折，勿灰心丧志，莫忘却目标。跌倒了就爬起来，坚持将是你最坚强的盟友。

26. 勇气很重要

肉体勇气和道德勇气都是普遍推崇的美德。肉体勇气是指要冒着身体受伤的危险，奋力达成目标。在日常生活中，鲜少需要高度的肉体勇气，但道德勇气就不可或缺了。道德勇气是指你在面对社会压力、同侪要求或其他类型的压力时，还能有为所当为的勇气。如果具备道德勇气，不论置身何处，你都会坚守自己的价值观。这种勇气弥足珍贵，绝对有助于你朝目标前进。

当你具备道德勇气时，你的行为便会光明磊落、负责可靠，就算当地报纸的头版头条都是你的人生和事业，面对如此密集的曝光和放大，你也坦坦荡荡。当你捍卫自己的信念、为所当为时，道德勇气会让你感到平静与喜乐。努力培养你的道德勇气，这样不管未来面临何种考验，你都能轻骑过关。

27. 耐心很重要

当事态日趋艰难时，耐心依然能使你继续前进。耐心是一种能力，让人在碰到不如意时——人生不如意十之八九，能够保持自制和方向。你必须花时间思考并采取有效的行动，不要让自己的人生变成一连串临时应付的反射性回应。大自然完美展现了忍耐的力量，自然界中每一事物都要经过孕育才能开花结果。因此你也应有等待事情演变的胸怀和耐心，不要一味贪图即时的满足。

28. 谦逊很重要

你必须了解何时该出面主导，何时该跟随。当你着眼于他人的需求和愿望，而非强烈要求对方迎合自己的喜好时，就展露了谦逊。道理很简单，在人生及事业上谦冲自牧，就能事半功倍，因为大家会愿意与你合作，这种人际技巧是成功的基础。如果你着眼于让别人满意，而非仅关心狭隘的个人利益，你会更圆融、更平易近人。这是让你受益无穷的人格特质。

29. 自律很重要

自律会让你有信心发挥全力。在商界，如果你不自律，很快就会有人要你遵守他的纪律。过着自己引以为傲的生活，当然好过等待外界对你的所作所为指手画脚。基本上，自律会将今日的行为与明日的成果连接起来：

　　◎ 要找寻解决之道，而非执着于问题本身。

　　◎ 说过的一字一句都要确实做到。

　　◎ 账单要准时且全额缴清。

　　◎ 随时做好准备，将来才能成功。

　　◎ 运用适当的财务及时间管理系统。

关键思维

　　自律对每个人来说都不容易。今日建立的纪律，将决定明日所能享有的成就。艰辛的人生更甜美。无论何事，只要有自律这项成功的关键驱动力，无一例外都容易成功！

　　　　　　　　　　　　——加里·布莱尔

30. 规矩很重要

　　成功的人生与事业，需要一套行为规范作为基础。商场有如人生，最重要的往往是一些小事。如果你能做到举止得当、行事专业，让与你往来的人感到放心，就会有好的结果。养成去借鉴和仿效高度成功人士的习惯：亲切待人，有错就即刻公开承认；不辜负社会对你及公司的期许，成为社会的正面力量，而不是吞噬资源的黑洞；遵守所有基本的社会规范，例如他人说话时要倾听、轮到你时才发言、尊重他人做决定的权利等；为人处世展现政治家般的风范，别像打家劫舍的村野流氓。

31. 乐观很重要

乐观是一种期待凡事拥有最好结果的态度。这是一种积极且能带给人力量的心态，而且具有感染力，因为大家都喜欢和乐观进取、热情洋溢的人相处，不喜欢垂头丧气、悲观消极的人。在商界，理性的乐观主义者了解自己为实现期望的成果，该扮演何种角色，并且会担起责任、做好该做的事。乐观行事，留心各种情况的可能性。无论要组成何种新团队，你都会是率先受邀的对象。

32. 健康很重要

你必须为健康投资，活得有朝气、积极又有活力。绝佳的健康状态是你最宝贵的资产。因此，你在其他投资组合上投入多少时间和心力，也要用同样的投入来维护健康。精选饮食，从事适量的体能活动来为自己注入活力。对自己的身体要充分关心，要采取健康的生活方式。人生不是一种观赏性的运动项目，而是一场要去实践和体验的冒险。就从现在开始投入必要的时间和努力，去促进身心健康。

33. 感恩很重要

感恩能提升你对世界的洞察力，并拓展优质的互动。当你对周遭的事物心怀感激时，你的心灵自然会变得更加平静，整体生活品质也会提升。感恩的重要性在于：

◎ 能让你在未来获得更多。

◎ 能帮助你保持良好的人生态度。

◎ 能提升你个人的活力和能量。

当你开始对自己拥有的一切心怀感激时，你会发现自己身心更加畅快。大家和你相处起来也会更加愉快，因为你不会自私自利。努力培养你的感恩之心并且表现出来，这么做将使你受益无穷。

34. 声誉很重要

声誉是远比金钱珍贵的无形资产。良好的声誉对你在生活或事业上想达成的所有目标都会有正面影响。它会让你更容易找来优秀人才与你合作或为你效力。卓著的声誉可提升顾客忠诚度，促进口碑推荐。总之，良好的声誉能让你脱颖而出，助你赢得生意。

声誉将从你为人所知的价值开始积累，而你打的每一通电话、参与的每一场会议、进行的每一次协商和讨论，都会加强或损害你的声誉。若你能够因为"尽心尽力的服务"、"让各方都获利的互惠交易"，以及"正直诚实的作为"而为人所称道，很快就会有志同道合的人或企业争相和你往来。保护和提高声誉是终身都要努力的目标，要把它放在心中的重要位置上。

35. 个人发展很重要

每个人都喜欢跟积极进取、有上进心的人往来。严格说来，你的人生和事业永远都在进行中，不会有终点。永远有新的事物可以去学习，有新的技能可以去磨炼。好好享受中间的过程，让热忱尽情发挥。大家会看见你精益求精的努力，并因这种态度而尊敬你。用你的一生去学习如何实践人生，并期望自己未来会随着见识的增长而更加杰出。与人分享你的个人发展目标，你希望合作的对象很可能会被你的学习热忱感动，从而乐于提供协助。

36. 可持续性很重要

今天的行为不要让子孙后代付出代价。今天，世界各地都在倡导可持续的生活方式，努力营造可持续的事业，耗用多少资源，就回馈多少，甚至回馈更多。这已成为主流价值观，你最好尽快加入。找出实际方法来减少或消除垃圾，设法回收或重复利用你制造的废弃物。可持续发展之路能为你的公司和职涯带来诸多益处，千万别错失良机。

37. 后世之名很重要

在人生及事业上都要有风度、情操和风范。不管我们承认与否，每个人都会留下后世之名。你的毕生努力会受人尊敬还是质疑，完全取决于你。如果能够让亲近的人因为你的作为而生活变得更丰富、更美好，那么你的后世之名就是正面的。在你的所作所为当中注入风度、情操和风范，精雕细琢你的人生，使之可圈可点。在你离世之后，人们将会讨论你的种种，一定要让他们以感叹号而不是问号来描述你的生平。

38. 忠诚很重要

不论情况是好还是坏，都必须忠于承诺。忠诚可被视为最崇高的美德，如果欠缺忠诚，一切都是枉然。健全而蓬勃的人际关系，向来建立在坚定的忠诚之上。忠诚会赋予人生根本的意义和方向。如果你选择不忠于承诺，而是随意行事，那么极易落得一场空。秉持忠诚，你的为人将更加高尚可信、光明磊落。

关键思维

忠于个人之外的某件事或某个人，意味着这个人的行为和生活方式完全不会被私利所支配。他将能忍受承诺带来的不便；他不会见风使舵；他将信守誓言，即使那样会损害他自身的利益，仍坚持不弃。因此，当一个人在面对诱惑或是和自身利益相冲突的抉择时，最能显现出其忠诚的程度。

——加里·布莱尔

三 普遍概念

39. 真实很重要

坚守事实，把幻想留给他人。许多人都活在幻想里，活在他们希望的世界而非现实之中，千万别掉入那样的陷阱。面对现实，接受事物真实的面貌；试着观察你假装不知情的一切；承认事实真相，而非空谈期望。否定事实就是自我欺骗，请随时随地保持诚实坦荡。接受事实、面对真相，满怀信心地迎接未来。

关键思维

不断追求真实的过程一定会伴随着不快，要试着敢于面对并用心感受。实践真理是有益的：越是坚守真理与事实，成果就越丰硕，生活品质也越高。

——加里·布莱尔

40. 快乐很重要

不论眼前的问题如何棘手，始终选择全速前进。在切切实实付出的同时，是可以乐在其中的。事实上，快乐宛如人生的润滑剂。希望自己的人生和事业充满快乐，是再自然不过的事情了。要允许自己过愉快的生活。试着每天做一些能逗自己笑、让自己感觉舒畅的事，这是抵抗压力的绝佳方法。

关键思维

美好回忆源于快乐，充满快乐的人生才是我们应该有的人生。然而我们太多人都忘记了放慢脚步、享受过程和尽情欢笑。快乐能延年益寿、充实人生，我们必须每一天、每一刻都要保持快乐之心。

——加里·布莱尔

41. 简单很重要

简单指穿透一切事物的复杂表面而回归基本。简单与复杂仿佛分立于光谱的两端。简单是好事，与简洁、精致和纯粹息息相关。当你去掉价值链中的浪费，回归真正的重点，就能做到简单。力求简单，避免复杂，可以为你节省时间和金钱。要让人生与事业享有简单，你应该：

◎ 减少选项，着眼于能提升生活品质的事物。

◎ 减少令人分心的琐事。

◎ 践行负担较小、更具可持续性的生活方式。

◎ 节约俭朴，落实稳健的财务管理。

◎ 减少无意义的消费。

◎ 专注于必须完成之事。

关键思维

简单不是"笨下去"，事实上刚好相反：当

我们在生活中拥抱简单，并将之带进事业时，我们将能发挥真正的才干，因为让复杂简化正是卓越思考的一个范例。所以，努力落实简单，以简单为念。

——加里·布莱尔

42. 麻烦很重要

要想成长、成功和卓越，就必须"沾点麻烦"。这个世界有一种基本规律，那就是成功者会养成习惯，去做他人不愿做的"麻烦事"。要领先群伦，就必须这么做。如果你只在顺心时才"乘兴"行事，那么永远无法攀抵巅峰。要成功，就必须在做有趣事情的同时，分出些耐心做些麻烦的事。接受这点，全力以赴。尽量让自己更乐意接受不适，这样你就能在对的时机做对的事。进步都是以麻烦为基础，所以要学习与之相处。

43. 多元很重要

要永远乐于尝试不同的方法和观点。不同的人一定会从不同的角度看问题，也会以不同的方法探寻解决之道，这样很好，也是值得努力的方向。你应尽可能为自己从事的每一项工作注入多元性。多元能帮助你建立更稳固、更健全也更有弹性的事业。如果你希望发展出丰富的多元性，就要不遗余力地找出各种做法的推动者，并给予奖励，还要公开宣扬他们的成就。对外明确而清楚地表示，你所做的每一件事都欢迎多元发展。市场会注意到你的做法，给你适当的回应。

44. 失败很重要

从失败中学到的东西远比从胜利中学到的多。失败对缔造成果有至关重要的作用。它会让你了解什么不可行，也会带来动力，让你在未来继续尝试不同的、效果更好的方式。不论是个人还是组织，一旦触及具有挑战性的目标，都会很快遇到挫败，这是必经之路。做好面对失败的准备，但绝不要一再重蹈覆辙。

关键思维

要减小失败的负面影响，最好的方法便是学习失败带来的经验和教训。失败很重要，因为它能提供成功所需的关键资讯和崭新见解。了解失败的原因，从失败中学习，你将获得成功的奖励。

——加里·布莱尔

45. 运动员精神很重要

良好的运动员精神对学习和发展相当重要，可以说是整体社会的构成要件。要具备运动员精神，你必须：

◎ 尊重他人，特别是你的竞争对手。

◎ 见到卓越表现时要予以认同和尊崇。

◎ 以礼貌的方式处理争端。

◎ 不只是从表面上遵守游戏规则，更要重视其内涵。

◎ 为自己造成的结果负责。

◎ 严于自律、照规则行事。

◎ 克制嘲弄对手的想法。

◎ 与团队荣辱与共。

◎ 听从教练指示。

归根究底，运动员精神是很值得学习和采纳的，其对人生和事业都会有所助益。要积极培养运动员精神。

46. 韧性很重要

必须学会从挫折和逆境中站起来。拥有韧性表示每逢遇到状况，你的力量会不减反增。在日新月异的商业环境中，这显然是一种值得追求的人格特质。只要不断学习更新、更好的做事方法，便能拥有极具价值的竞争优势。尽你所能，让自己能够有效而巧妙地度过变动的时期。要努力加强自己的韧性。

47. 根本原则很重要

成功没有神奇之处，不过是应用根本原则的成果。不管在哪个领域，成功都是持续采用正确原则的直接成果。因此，在你展开行动之前，要先打好基础，了解相关的根本原则。充分理解所要运用的基本原理，并学习如何熟练运用。要让自己的所作所为都有意义，就要先找出相关的根本原则并熟练运用。能够熟练运用根本原则，才能在此基础上增添自己的风格，营造特色。

48. 每一块钱都重要

金钱是一种奖励，奖励你所提供的服务和价值。千万别忽略了，你所获得的金钱与你提供给他人的价值成正比。要赚得更多金钱，就要持续学习，找出更理想的方法来服务更多顾客。集中心力去创造价值，金钱方面自然水到渠成。一定要有"本钱"给自己垫底壮胆，并且要避免入不敷出，这样你就能在未来居于有利位置。学会运用储蓄和投资的根本原则，确保自己拥有必要的资金，足以应付未来所需，尤其是市场变动所引发的需求。切记，金钱是绝佳的工具，但你要成为金钱的支配者，千万不能让自己被金钱主宰，因此，要明智地运用金钱。

49. 每张选票都重要

一定要行使得来不易的民主权利。在民主国家，我们有时难免会认为个人的选票无足轻重，没有影响力，这是不正确的。民主必须以人民的意志为归依，要彰显集体意志，只有一种方式：就是人人皆参与投票。

一定要花时间做下列 4 件事：

◎ 充分了解当前的议题。

◎ 针对各项议题形成你自己的立场。

◎ 了解其他人为什么会选择不同的立场。

◎ 行使你的投票权。

关键思维

纵观历史，投票权是各种族与性别努力争取得来的成就。大家一定要行使这个权利，因为它能彰显民主和个人意志，每一张选票都很重要。

——加里·布莱尔

50. 贡献很重要

专注于自己可以做出的贡献，成功将水到渠成。如果你把心力投注于自己可以为社会做出的贡献，成就通常会比闷头追求成功来得容易，这看似诡异，却是无可否认的事实。为什么会这样？当你集中心力做贡献时，你会更有责任感，而责任感加重，声誉和可信度也会随之提升。当你帮助愈来愈多人提高生活品质，为社会创造更多价值时，你就会有更多机会可以把握，有更多价值可以去争取。要获得更高成就，就要忘记个人，过着认真负责的生活。集中心力做出贡献，其他都将水到渠成。

51. 历史很重要

要了解历史，借以开阔眼界。历史非常值得研究。研究历史，你将发现它能增加见识、拓展思考、扩大想象力。研究历史也能给你下列启示：

◎ 成功总是建立在他人奠定的基础上。

◎许多现代构想早在很久以前就有人预见到了。

◎我们享有的自由是由他人的牺牲所换得。

◎人类经验会持续改变与演进。

◎有许多伟大的典范值得我们仿效。

总的来说，历史能带给我们深刻的连续感。我们承继了过去发生的种种，同样也能体会到，后人将受到我们作为和决定的影响。研究历史是开阔眼界的绝佳方式。

52. 和平很重要

和平是普世追求的人类理想和目标，是健全社会的重要基石。文明最重要的目标便是建立和维持长久的和平，让人民有追求卓越的自由。要实现长久的世界和平绝不可能靠强制的方式，而是要让和平在每个人的心底生根。你应挺身而出，为自己的人生和事业负起责任，并且用自己的每一项行动来促进和平。

关键思维

实现和平，不代表我们将自动置身于没有嘈杂、困扰或辛劳的地方。处于和平的意思是，即使身处纷乱状况之中，我们的内心、头脑和心灵都还保持平和、冷静与镇定。因此，和平比钻石、红宝石和珍珠更加珍贵。我们必须了解，和平不只是长远的目标，更是一种方法，让我们能够通过和平的方式，追求和平的结果。

——加里·布莱尔

不论你如何定义卓越，其中必定包含了卓越的品质、对细节的一丝不苟、绝不妥协的标准，还有用爱和热忱带动的技能。世界级的成果，来自世界级的习惯与行动。自始至终，成功最显著的特色，尽在细节之中。

决断力

如何在生活与工作中做出更好的选择

Decisive

How to Make Better Choices in Life and Work

·❦ 原著作者简介 ❦·

奇普·希思（Chip Heath），斯坦福大学商学院组织行为学教授。专攻以下两个研究领域：一是为什么有些构想能经受住考验而留存下来，并且从众多构想中脱颖而出；二是个人、团体与企业做出重要决策的过程与方式，以及他们会犯下哪些错误。文章散见于《科学美国人》《华盛顿邮报》《美国商业周刊》《今日心理学》《名利场》和英国《金融时报》等报刊媒体。与弟弟丹·希思合著有《创意黏力学》《瞬变》。毕业于德州农工大学和斯坦福大学。

丹·希思（Dan Heath），杜克大学社会企业发展中心高级研究员。曾为哈佛商学院研究员，主要负责规划和执行企业培训课程。毕业于哈佛商学院和德州大学奥斯汀分校，曾与友人共同创办思睿新媒体教育公司，开发供大专院校使用的多媒体教科书。

本文编译：乐为良

·❧ 主要内容 ❧·

做出不后悔的决定

人们在生活中常凭直觉、经验做出大大小小的决定，可是才过了几个月、几天，甚至几个小时就后悔了，这是因为我们太容易受到偏见与个人情绪影响，自以为做出了恰当的选择。尽管没有完美决定，但你还是可以依循明智的决断步骤，做出让自己不后悔的选择。

在对的时间做出对的决定，往往会改变我们的一生。

多项研究显示，率性而为所做的决定通常以后悔或放弃收场。美国44％的在职律师不建议年轻人从事与法律相关的工作；有40％的在职人员被迫接下高层主管职位后，于18个月后选择离职。

商业决策失误更是常见：83％的企业并购案

是经理人博弈赌注的决策，根本无法为股东创造任何价值。60％的经理人之所以做出坏决策是因为他们依循以往做出好决策的经验。

人们很容易依据自己的直觉、看法、一时的情绪做出决定，即使参考资讯，也倾向于收集支持自己想法的意见；或是坐井观天，以为自己见到的就是全部，对未来过度自信而未加防范。

奇普·希思和丹·希思认为，只知道自己的决定会受到偏见影响是不够的，更重要的是要建立一套完整的、可依循的流程，帮助我们克服大脑天生的偏见，在生活、家庭以及职业生涯里，形成准确的自我认知，做出思虑更完善的不后悔决定。

如果你还在举棋不定，那就表示你的决断过程有问题。做对决定并不意味着要确保结果完美无缺，而是要想清楚并使用明智的决断步骤，对所做的决断有信心。

一　错误决断常见的 4 个偏见

你是否也随大流，执行以下的决断过程：

◎ 遇到必须做出选择的情况。

◎ 分析你的选项，并尝试搜集资讯。

◎ 选出你认为最佳的选择。

◎ 忠于自己的决断，而且尽可能做到最好。

这样的决断过程并没有问题，但有 4 个不利因素（可以称其为"偏见"）可能影响到每一个步骤，阻碍你的有效决策，进而扭曲最终的决断：

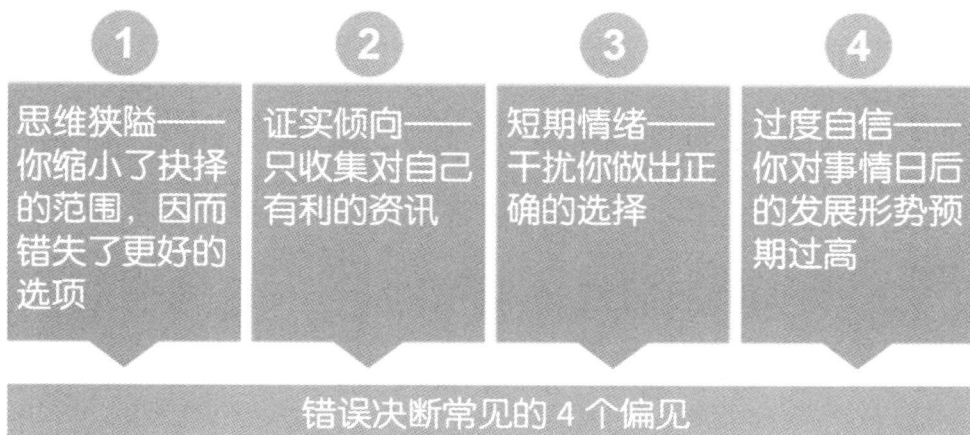

①	②	③	④
思维狭隘——你缩小了抉择的范围，因而错失了更好的选项	证实倾向——只收集对自己有利的资讯	短期情绪——干扰你做出正确的选择	过度自信——你对事情日后的发展形势预期过高

错误决断常见的 4 个偏见

（1）我们很容易把选项局限住——只考虑那些我们认为"实际"和"可行"的选项。

例如，当你问自己"我该买辆新车吗"的时候，你的假设是开新车是你唯一的选择。因此，要考虑的仅是你有多少预算，寻找你能负担得起的车，以及协商最有利的价格。要扩大你的选项，你真正该问的是："我该把钱花在哪里，才能使我的家人过得更好？"从这个角度来看，可能会有比换新车更好的方法来实现你想要的结果。把选项局限得太狭隘无济于事。

（2）你可能倾向于寻求符合自己想法的资讯——只注意支持自己信念或符合自己喜好的信息，其他一律视若无睹。这种证实倾向可能相当微妙。感觉上你好像搜集了大量的资讯，但其实只关注了与你喜好一致的东西。

（3）你可能受到短期情绪的干扰——这是常有的事。当你要做困难的决定时，你可能激动万分，结果只是非理性地不断重复思考同样的观点。其实，资料搜集得愈多，前景可能愈黯淡，最后可能变得无从施力。

（4）你可能过度自信，认为自己可以准确地预测未来——这是很自然的事。迪卡唱片公司的高层主管拒绝签下披头士乐队的故事最为人乐道。这个"音乐史上最大的错误"告诉我们：未来常以出乎意外的方式，让"专家"大跌眼镜。

为了帮助决断，你可能得对各种不同的选项做出利弊分析。根据本杰明·富兰克林给出的启示，你应该写下每个选项中你能看到的所有优点，以及相应的缺点。把每个选项的优缺点加起来，然后选择优点最多、缺点最少的选项。

利弊分析法是常见的方法，也是基本常识，但却有严重的缺陷。虽然过去 40 年来的心理学研究已经找出人类思考时的一系列偏见，利弊分析模式也会在决断时失去效用。如果我们想做出更好的决断，就必须了解这些偏见如何运作，以及如何运用比利弊分析法更有效的东西来对抗它们。

　　如果查阅关于决断的研究文献，你就会发现，许多决断模型基本上都是处理得漂漂亮亮的表格。举例来说，如果你想买一间公寓，会有人建议你列出找到的 8 间公寓，根据几项关键因素（价格、地段、大小等等）排出顺序，再根据每项因素的重要性分配比重（如价格比大小重要），然后加以计算，找出答案（嗯，还是搬回家与爸妈住）。诸如此类的分析少了一个关键因素：情感。

　　　　　　——奇普·希思　丹·希思

　　切尔诺贝利核电站熔毁的概率是万年一遇。

　　——维塔利·史克拉洛夫，乌克兰能源与电气部长，切尔诺贝利核事故发生前 2 个月

　　到底有谁想听演员说话？

　　　　——哈里·华纳，华纳兄弟电影公司

这家公司可以拿电子玩具来做什么？

——威廉·奥顿，西方联合电报公司总裁，1876 年曾拒绝购买亚历山大·格雷厄姆·贝尔的电话专利权

我们不喜欢你们这些男生的声音，现在不流行组团了，吉他 4 件组已经过时了。

——迪克·罗，1962 年迪卡唱片公司在选秀时，听完披头士试唱后说

在生活中，我们大部分时间都是不假思索地去做例行之事。每天可能仅做几次有意识的、经过考虑的选择。尽管这些决定不会占用我们太多时间，但对我们生命的影响却很大。心理学家罗伊·鲍迈斯特以开车作比喻——在车上，我们可能花 95％的时间勇往直前，但只有转弯处才能决定我们最后的终点。我们所介绍的决断法就是这些转弯处。

——奇普·希思　丹·希思

二　做出更好决断的 4 步骤

杜绝或消除偏见是不可能的，但你可以利用适当的准则和方法抵制偏见。要做出更好的决断，可以利用以下步骤：

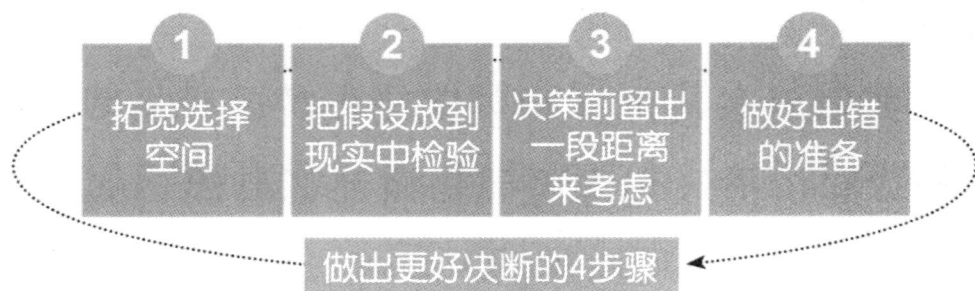

1	2	3	4
拓宽选择空间	把假设放到现实中检验	决策前留出一段距离来考虑	做好出错的准备

做出更好决断的4步骤

步骤 1　拓宽选择空间

刻意扩大考虑的范围，有意识地发掘实现目标的新方式	1	避免思维狭隘
	2	进行多个替代方案
	3	找一位良师益友

做出更好决断的第一步是扩大范围，思考自己可能的选项。可以从 3 方面着手：

（1）避免思维狭隘——很多人在面临抉择时会认为自己只有做或不做两种选择。1999年，一项由美国俄亥俄州立大学商学院发起的研究显示，在各家企业做出的168个决策中，只有29%的决策考虑到一个以上的替代方案。对这些组织的多数人而言，他们视决策为"要或不要"，而不是"是否有达成目标的更好方式"。

基于这项研究，做出更好决断的建议之一是，先努力找出可行的替代方案，且选项往往比自己最初预想的要多。你应该慢慢建立一种心态，凡事不只有一种做法。

要注意并去思考替代方案，你可以：

◎检视机会成本——你可以用这笔钱做其他什么事情？试着找到适合自己的衡量标准——"我宁愿把这笔钱花在……或用在……可能会更好。"

◎进行消除选项的测试——问自己如果不能选择目前的任何选项，该怎么办？例如，如果你想解雇你的接待员，你可能要先提醒自己，进行正式解雇的过程既冗长又让人烦心。因此，更好的选择方案可能是把目前的接待员调去做支援性的工作，并安排其他人以短时间轮班的方式承担接待员的工作。把原本看起来非此即彼的决定消除之后，就能用更开放的方式去思考其他潜藏表面之下、有待发掘的替代方案。

狭隘的自身定位很难深切体会到开放思考的好处。你可能认为你面对的不过是个"要或不要"的决定，而且选择有限，但实际情况很少如此。如果你能让大家去思考机会成本，或做一个消除选项的测试，你多半会发现，选项比你一开始知道的要多得多。你只需要有创意地、广泛地去思考，把更多可行的选项放于桌面上，便能考虑和讨论。

许多公司在准备做大笔金额的决定前，并未充分考虑他们的选项，这实在令人难以置信。桂格公司就是这样的一个例子。1983年，桂格花

2.2亿美元买下佳得乐，10年后，这个品牌增值到30亿美元。受到这次成功经验的鼓舞，桂格非常自信地在1994年以18亿美元买下思乐宝，并认为这一品牌物有所值。事后证明，收购思乐宝问题不断、漏洞重重，尤其后来发现这家公司事实上靠借债为生。3年后，桂格把思乐宝以3亿美元（约原价的1/6）卖给三弓公司。桂格CEO威廉·史密斯伯格因这次惨败而下台，他后来表示："当初要引进新品牌时，大家都很兴奋，尤其那是个很强大的品牌。我们被冲昏了头脑，理应让更多人在评估时表达'反对'的意见。"换句话说，桂格公司分析，在面对史上最大一笔收购案时，并没有任何人反对，并要求管理阶层证明自己的决定是对的。这种心态最后换来了一场惨败，3年耗掉桂格15亿美元。从中学到的教训是心态至关重要，要仔细且用心地看待。

（2）进行多个替代方案——另一个扩大选

项、让你做出更好决断的方法是，同时考虑几个选项，看看哪个发展得最好。通过同时采用多种途径，让人们同步探索不同的角度并搜集更多的资料。这听起来可能有点没效率，但横向比较后，便能发现它的难能可贵。

进行多重替代方案的优点有很多，比如：

◎ 你更易获知问题的真正"面貌"——你从几个不同的角度观察它。

◎ 避免自我意识干扰解决方案——你会不断地被提醒，凡事不只有一种做法。

◎ 你可以避免没完没了的评估过程——你让每个人都专注执行并促成好事发生，而不是反复徘徊在分析每个选项上。

◎ 如果任何做法出状况，你都有很好的退路与选项。

如果你有 2～3 个截然不同的替代方案可供选择，通常就会做出较好的决定。你当然不会拿出 20 个不同的选项来给自己添乱。从 2～3 个选项中做决定，便可以开放思考并合并每个选项中的最佳部分。

具体而言，做到这点的好方法是去思考"以及"而不是"或者"。积极考虑几个选项，看看哪个最适合自己。例如，如果你正在考虑换工作，不妨在保有现有工作的同时，利用假期或零散的时间到其他岗位上当义工，即把握现有的工作，但体验一下其他的工作。

进行多个方案时请牢记：

◎你需要 2 个或 2 个以上合理可行的选项——虚假的方案是行不通的。你的团队中必须有人发表不同的意见，提出真正可供选择的选项。

◎进行多个方案时，灵活地把重心转移到预防（尝试阻止负面的结果）和促进上（采取行动产生积极的成果）往往很有用。采用多个方案时，同时抱持这两种心态，结果会更好。

（3）找一位良师益友——如果你找得到能帮

你解决问题的人，就与他们结成团队或学习他们的经验，好事就会接连发生。那么你要如何从良师益友那里找到很棒的灵感和构想呢？提供以下3个建议：

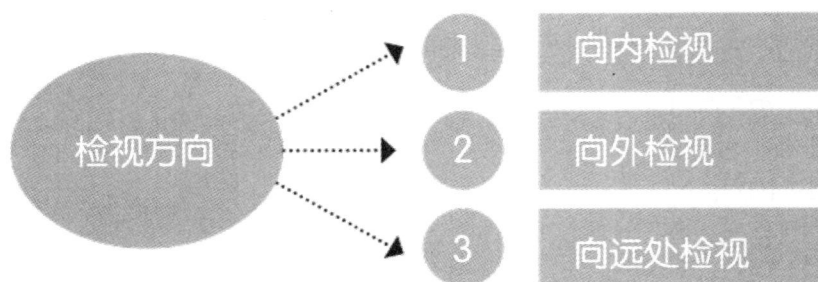

◎ 向内检视——找到你所在组织的亮点，了解如何使这些点子更加"光亮"，并广泛运用它们。当你努力尝试和复制自己的成功事迹时，列一份清单（你不想出错的事）或项目表（眼前的可能性）往往帮得上忙。清单和项目表可以激发很多创意。例如，你可以采用项目表的方法来削减预算。通过项目表的"统筹和安排"，在某个地方砍多一点，获取一些额外的资金，用于公司其他方面某个新点子的开发。要积极主动，把亮点中的优势编入你的项目表，培植和创新构想。

◎ 向外检视——看看竞争对手在做什么，吸收行业中的最佳做法。资本主义和竞争性市场就是基于"看竞争对手做什么，并找出方法超越他们"这个理想。例如，1954 年，山姆·沃尔顿的平价商店刚起步时，他曾搭了 12 小时的车去一家名为本·富兰克林的杂货店，学习它如何用集中结账取代每个部门单设收银台的做法。他看到了集中结账模式的优点，并将此想法引进自己的商店，最后扩大成为沃尔玛超市。后来他说："我所做的一切，多半是从别的地方复制而来。我敢打赌，我比任何人更常进出 K-marts 大卖场。"

◎ 向远处检视——使用互联网，那里有取之不尽的选项和点子。如果你上网搜索，很可能会发现有人已经很有创意、极巧妙地解决了你的问题。去找你可以采用并改造的类似案例。菲奥纳·费尔赫斯特是执行这种点子的最佳范例。1997 年，Speedo 公司聘请她设计一套泳衣，以让游泳选手游得更快。她并没有研究竞争对手在做什么，而是前往伦敦自然历史博物馆——在那里能触摸鲨鱼。她惊讶地得知鲨鱼皮很粗糙——这让她灵光一闪。多年来，Speedo 一直试着以光滑布料做泳衣，理论上可以降低阻力、滑水而行。但费尔赫斯特突然了解到，鲨鱼并非如此，因此她想到以粗质材料做泳衣，这种泳衣包覆了游泳选手身体的大部分（挤压凹凸不平的地方）。Speedo 的新鲨鱼皮泳衣，在 2000 年悉尼奥运会上首次亮相，83％的游泳项目奖牌都由穿这种泳衣的选手赢得。

关键思维

当你可以尝试全世界取之不尽的选项时，为什么还要自己去拼命挤出点子？

——奇普·希思　丹·希思

步骤 2 把假设放到现实中检验

做决定时引用一些真实世界的资料，而不只是照着自己的假设去进行

1. 换个角度观察
2. 由上而下观察，由下而上检视
3. 投入前先试"水温"

每个人都倾向于寻求符合自己想法的资讯——只想寻找能证明自己最初假设的事实。要做出更好的选择，就得抗拒这种偏见。你必须：

（1）换个角度观察——实际测试假设的第一种方法，就是假设反面为真，并以事实去验证。如果你审慎地选择反面，并愿意扮演"魔鬼代言人"，很可能因此激荡出相当有建设性的反对意见，从而让一些更可信的资讯浮现。

注意，换个角度观察并不意味着炫耀或夸张。你真正需要做的是，开始提出一些试探性、让人不舒服的问题，这些问题往往遭人掩盖或忽略：

◎"最后离开这家公司的是哪 3 个人？他们现在从事什么工作？我要如何与他们联系，询问

他们为你工作时的经验？"

◎"这项新技术有什么问题？"

◎"在这种情况下，我们要如何去假定对方是心存善意的？"

◎"在这个提案中，你看到的最大潜在障碍是什么？"

◎"如果在这件事上失败了，你认为问题会出在哪里？"

要尽可能提出开放性的问题，鲜明的对照比较有帮助。在热衷于新构想，特别是对一个新点子充满热情时，很难去问这类问题。这就是为什么这么做难能珍贵。如果你要求自己考虑与自己信念相反的选项，就能避免一些严重的错误。

（2）由上而下观察，由下而上检视——当你做重大决定时，自然该去问问别人的意见，并纳入考虑。问题常常是，你很可能相信自己的直觉，而不想被一般想法左右。换句话说，你乐于假设自己是独一无二的，而且面对的状况也绝无仅有，因此一般经验无法真正适用。但这通常是错的。

关键思维

当我们的预测和意见与宇宙的一般见解发生冲突时，宇宙通常是赢家。

——奇普·希思　丹·希思

应对这一潜在问题的好方法就是拉近瞧瞧再拉远看看——由上而下或由下而上进行思考。

◎由上而下观察——查明新点子成功的平均概率，并以此为基准。由上而下是指脑袋里能明确掌握事情的全貌。从5万英尺的高空观察，取得一些通常在这样的制高点下会摊开来的冰冷事实。如果你无法找到足够的资料，就去向这个领域的专家请教，并得到他们的整体看法。要注意，别问他们未来会如何——专家在这方面通常错得离谱。找专家谈话，你唯一需要得知的是，对于你的决定，合理的成功概率是多少。

◎ 由下而上检视——对提案近距离检视并亲自体验。针对某些特定个案搜集详细资料，虽然那不一定能代表每个人的情况，但却能在一定程度上弥补纵观全貌所遗漏的资料信息。

你可以从人脉网中寻找某个做过类似决定的人，去请教他们的经验。罗斯福总统的行政部门，平均每天收到 5000～8000 封信件。罗斯福让人整理好信件，依照类别和立场进行科学分析，以看清、掌握民意趋势。他也让幕僚选出代表性的信件，自己亲自阅读。了解社会大众的心声，同时知晓决策细节如何影响个人，罗斯福方能做出更好的政治决策。

（3）投入前先试"水温"——如果你真的想提升决断的品质，不妨找到切实可行的方式，对你的理论做些小测试。或者换个方式，在一头栽进去之前，先测试一下水的温度。你会惊讶地发现，这个简单的策略，可以预防你犯下诸多错误。

如果你让专家预测未来，他们通常会先考虑目前的基本概率，并据此推断，但最后几乎总是全错。

与其试着做出商业预测，不如替自己找到以低成本迅速测试的方法。例如：

◎创意实验室的比尔·格罗斯喜欢网上卖车这个点子，但不知道是否有人愿意以这种方式进行大笔交易。他雇用了一个 CEO，设计了一个为期 90 天的测试周期，要他试着通过网站卖出一辆车子。新上任的 CEO 找来开发人员，设计了一个 2 页的网站，看起来像一张订购单。实际上，有顾客咨询时，网站会寄电子邮件给一位职员，请他查看凯利蓝皮书上的价格和评价，然后再反馈回去。在 24 小时内，他们共卖出 3 辆汽车，这给了"网上卖车"绿色通行证，从而成就了后来的 CarsDirect.com——美国最大的汽车经销商。

◎Intuit 公司的创始人斯考特·库克，大力提倡"靠实验领导"。当印度子公司的管理阶层向他提出在印度提供新手机服务的构想时，库克的直接反应是拒绝这个点子。子公司建议让农民支付一小笔订阅费，以让他们利用手机接收各种作物的市场报价，并以此为指导把收成拿到报价最高的市场上贩卖。虽然库克认为这点子有点傻，但仍同意让印度团队用原型机测试一下。没想到，试验结果极受欢迎。经过几次改良之后（准确地说是 13 次），Intuit 公司开始提供一项非常精密的服务，目前使用该项服务的印度农民超过 32.5 万人。

如果你想做出更好的决定，那么在决定投入大量时间和资源之前，不妨先将你的假设测试一下。不要自以为是，也不要完全相信预测，而要让事实说话。在承诺之前，让你的选项进入实地测试，以做出更好的决定。

关键思维

在分析选项时，我们面临的基本问题是：我们通常很有把握成为赢家，即使只有一丁点的把握，也会促使我们去搜集支持它的资讯，有时候除了支持它的资讯，别的什么都不找。我们甚至会篡改事实来支持我们的直觉。要避开这些陷阱，就必须实际测试我们的假设。

——奇普·希思　丹·希思

想象一下，如果奥运会田径教练以两项测试来挑选 4×100 米接力的队员。测试一：让他上跑道看他能跑多快。测试二：约他在会议室见面，看他能否像"飞毛腿"一样地回答问题。那么结果如何？注意，在多数的美国企业中，聘用的程序看起来比较像是测试二而不是测试一。事情再清楚不过了，作品样本、专业知识测试、同事对于过去工作的评价都要比进行面试更能预测工作的绩效。即使做个简单的智力测验，也比面试的预测性实在多了。

——奇普·希思　丹·希思

步骤3　决策前留出一段距离来考虑

改变你的观点以缓解压力，然后再专心处理真正重要的事	1	在情感上保持距离
	2	处理核心优先事项

人都容易受一时的情绪干扰而做出不利的选择。要避免这种情况，你可以做 2 件事：

（1）在情感上保持距离——情绪，既微妙又显而易见，它可以让你表现出最好的一面，也会阻止你去做长远来说最有利的决定。幸好，要避免这种情况十分简单，你可以试试这么做：

◎ 问问自己："我们的继任者会做什么?"——也就是刚被任命的人会做什么？他们目光如炬，在情感上不受你过去决定的牵绊。如果你去思考他们会采取什么行动，然后开始这么做，通常能做出更好的决定。

◎ 问问自己："在这种情况下，如果当事人是我的好友，我会建议他做什么事?"——从旁观者的角度看事情，会帮你摆脱一时的情绪和感受到的压力。

◎ 做一次 10/10/10 的分析——问自己：

· 10 分钟后我会有什么感觉？

· 10 个月后我会如何看它？

· 10 年后它看起来会是什么样子？

10/10/10 分析强制你拉出一段距离，以平复你的情绪。让你的决策分析纳入其他因素，而不是由短期的情绪主导。

◎ 厘清影响我们情绪的根本原因，是厌恶失去还是安于熟悉？这两者都是相当微妙的短期情绪。从现实的层面来看，厌恶失去与安于熟悉就意味着我们怀有维持现状的偏见，不愿尝试不同或更好的事。在回顾好的决定时，我们经常觉得理所当然，但当初做那个决定时却完全不是一回事。

关键思维

过度重视一时情绪的偏见，会产生自相矛盾的作用。有时它会造成我们偏执失常，进而草率行动，就像在路上开车，有人硬要超车，我们的反应会激动一样。然而更多的情况是，一时的情绪会带来相反效果，让我们行动变慢、胆子变小、拒绝采取行动，因为考虑得太复杂而裹足不前。我们担心会为尝试新事物做出牺牲，我们不信任不熟悉的事物。总之，这种情绪使得个人和组织倾向于维持现状。然而偏见不是不能违背的命运。我们可以通过一些快速的心理转换来远离这样的情绪。这些转换可以让我们更清楚地看到现状，同时在难以抉择时，给我们做出更明智、更大胆决定的勇气。

——奇普·希思　丹·希思

（2）处理核心优先事项——另一种帮助你摆脱情绪控制、做出更好决断的方式，就是回到你的核心优先事项。事实上，核心优先事项当属你最看重的长期情感价值、目标和愿望。它们共同塑造你想成为什么样的人或你渴望建立什么样的组织。

如果你能找到你的核心优先事项，并承诺将其列为首要行动，解决任何可能出现的难题就变得容易多了。把这种想法付诸行动的最佳例子是戴尔电脑。大约在 2000 年，戴尔公司尝试进军服务领域。为此，公司聘请韦恩·罗伯茨在戴尔公司总部领导一个 20 人的专攻团队。

18 个月内，戴尔派出 100 多名顾问去各地拜访客户。罗伯茨担心的是，他的顾问们如何在客户那里发挥自己的最佳判断？他想出了一套准则（后来被称为"韦恩法则"）：

◎ 行动至上：先着手做，必要时再道歉。

◎ 在业务往来中有亲和力，让人想亲近。

◎ 主动回应客户要求，而不是等待公司总部批准。

这些准则浅显易懂，一目了然，它能让每个人都能正确迅速地据此做出决定。面对客户不断出现的难题，就能以一贯公平的态度进行处理。

除了强调核心优先事项，具体腾出时间和精

力去做这些要事也很重要。麻省理工学院做了一项研究，发现许多主管每个礼拜都在忙着处理突发事件，根本没做任何与核心优先事项直接相关的事。一定要认清楚，紧急事件总有办法排挤优先事项，切记要腾出空间完成自己的核心优先事项，因此你可以：

◎ 列出一份你的"不做"清单，以便腾出时间处理优先事项。

◎ 想出更聪明的做事方法，花更多时间在自己的任务和关键工作上。

◎ 设定好手表，每小时响一次，然后问自己："我在做此刻最需要我做的事吗？"每小时都提醒自己回到真正重要的事上。

步骤 4 做好出错的准备

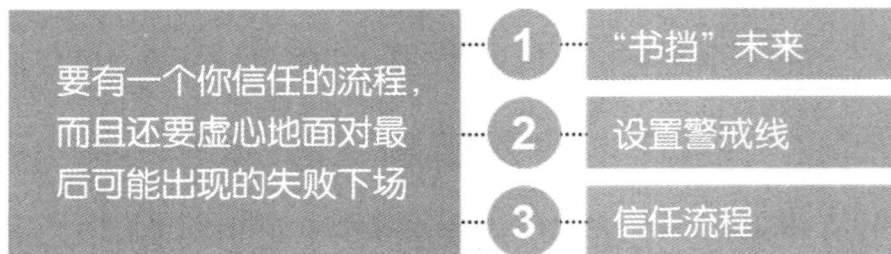

要有一个你信任的流程，而且还要虚心地面对最后可能出现的失败下场

1 "书挡"未来
2 设置警戒线
3 信任流程

我们所做的决定在不久的将来会变成什么样

子，对此我们往往过度自信。要做出更好的决断，你要有出错的准备。该怎么准备？这里有 3 个建议：

（1）"书挡"未来——做出更好决断的第一种方式是提醒自己，未来从来就不是一个单一的点，而是一系列的可能性。如果你弄清楚大致的范围，通常就会做出更好的决断。

最坏的情况　　未来　　　最好的情况
　　　　　　　结果

"书挡"未来就是对未来将如何呈现，拿出你的"最好预测"。要概括界定任何点子的未来，你得：

◎ 做一次失败模拟——"一年后的今天，我们的决定彻底失败，这究竟是出了什么问题?"想清楚最坏的情况，并设法想出你要如何收拾残局。

◎ 然后做一次胜利演练——"一年后的今

天，我们成为英雄，因为这件事得到空前的胜利。我们已经准备好迎接那样的成功了吗？"想清楚如果构想真的大受欢迎，而且一鸣惊人，你会怎么做？分析你要如何实现这样的胜利。

◎ 最后想清楚如何增加一些安全系数——以便处理无法预料的事。例如，电梯的缆线强度是实际需要的 11 倍。软件开发时间表通常会设置缓冲因素。在自己的计划中也要考虑类似的措施。

"书挡"未来就是要同时准备好面对逆境和顺境。这样你就提高了做出理想决断的可能性。不被热情冲昏头脑，反而更加务实。你会了解所有的可能性，然后努力去做，最后站在胜利的一端。

（2）设置警戒线——20 世纪 70 年代中期到 80 年代中期，大卫·李·罗斯是摇滚乐团范·海伦的主唱。只要开始巡回表演，乐团就会以 9 辆 18 轮大卡车满载着舞台设备，去布置表演现场。他们有一份详细的合同，说明如何搭建乐团场地，其中有一条极不寻常的条款：表演后台要准备一碗 M&M 巧克力——但不能有咖啡色的巧克力。

此条款（合同第 126 条）声名大噪。有关罗斯走进后台，看到咖啡色的 M&M 巧克力便抓狂或破坏更衣室的故事广为流传。多数人当它是摇滚乐团"自我膨胀症"发作的又一案例，但是把这个奇葩的 M&M 条款写进合同，确实有其非同寻常的明确目的，它就是确保场地准备万无一失的警戒线。

关键思维

罗斯到达一个新场地后，会立刻前往后台，瞄一眼装满 M&M 巧克力的大碗。如果他看到一颗咖啡色的 M&M，就会要求检查整组设备的线路。他说："保证你会查到技术性的失误，他们根本没有读合同……有时它可能会毁了整场演出。"

换句话说，大卫·李·罗斯不是耍大牌，他掌控整个运作。他需要一种方法迅速评估会场每位舞台工作人员是否都全神贯注——了解他们是否读了合同上的每个字，并且认真对待。换句话说，他需要一种方法，从"放任的心理状态"中清醒过来，意识到自己必须做出决定。在范·海伦的世界中，咖啡色的 M&M 巧克力就是警戒线。

——奇普·希思 丹·希思

警戒线会给你需要改变的信号提醒。警戒线对于渐进的变化特别有用，人们通常安逸于顺其自然，期待过去发生的事会在未来继续延伸下去。如果你的警戒线设置得当，它会提醒你注意，并迫使你做出困难的选择。

以柯达公司为例，这家公司由乔治·伊士曼于 19 世纪 70 年代晚期创建。当伊士曼于 1898 年推出使用每卷 15 美分底片的布朗尼相机时，柯达已有 80％～90％ 的影像市场占有率。到了 20 世纪，柯达推出一款高品质的彩色底片，再次领导市场。然而，在 20 世纪 90 年代数码相机出现后，柯达未能与时并进。柯达的市值从 1997 年的 310 亿美元，跌到 2011 年中的 20 亿美元，并于 2012 年 1 月宣布破产。

如果柯达设置警戒线并采取行动，命运可能被改写。柯达可以设置的警戒线包括：

◎ 当超过 10％的大众对数码影像品质表示满意时，就要开始发展数码相机。

◎ 一旦数码相机取得 5％的市场占有率，就要推出自己品牌的数码相机。

要做出更好的决断，就需在你的计划中建立一些警戒线。想清楚对你有意义的触发事件。警戒线可以依据市场占有率、截止期限、投入资源的金额、突如其来的问题或对你有意义的所有基准/日期/标准而定。警戒线值得一设，因为它强化了你总是另有选择的事实。

（3）信任流程——当你在做事关团体的决定时，最重要的是要让大家觉得公平。使用信任流程是达到此目的的好方式，因为它让一切公开。信任流程有助于建立公平，让大家了解决定是如何做成和生效的。

在做团体决定时，另外几个值得牢记的点子是：

◎事先花更多时间协商和讨价还价，通常会好过事后为拖后腿的事奋战弥补——协商过程可以赢得认同。人们只要觉得自己受到了公平对待，就会接受必须做出的取舍。达成协议会在前期花上较多时间，一旦协议达成，执行的速度便会加快。

◎确保决策程序公平正义——让每个人都有公平的机会表达他们的想法并让别人听到。务必确保提出的资料准确无误，每个人都有同样的机会接受挑战，排除任何偏见和私人利益。你还必须找到一个能够勇敢指出缺陷和逻辑错误的人。

◎让决策流程成为确保正确方向的指南——而不只是一份冗长的利弊分析清单。把零偏见决断法当作建立信心、通往正确方向的方式，而不只是一个保证成功的公式。如果你信任这个流程，便能承担更大的风险，并且做出更大胆的选择。这才是零偏见决断法真正的回报，这才是真正的决断力。

关键思维

成功取决于我们所做决定的品质和我们有多少运气。我们无法控制运气，但我们可以控制决定的品质。

——奇普·希思　丹·希思

按照步骤做决定并不表示选择就此可以轻松容易，或是一定能得出精彩的结果，但它确实能让你平心静气。你可以停止恼人的循环，不用一再问自己："我错过了什么？"

——奇普·希思　丹·希思

拥有决断力本身就是一种选择。决断是一种行为，而不是遗传特征。它让我们能够做出勇敢果断的选择，不是因为我们知道自己是对的，而是因为尝试和失败总比拖延和后悔好。我们的决定永远不会完美，但可以更好、更大胆、更明智。正确的步骤可以引导我们走向正确的选择，而正确的选择在适当的时刻可以让一切发生完全改变。

——奇普·希思　丹·希思